早餐食品生产工艺与配方

高海燕 丁 楠 金 萍 编著

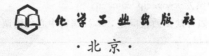

化学工业出版社

·北京·

图书在版编目（CIP）数据

早餐食品生产工艺与配方/高海燕，丁楠，金萍编
著. —北京：化学工业出版社，2016.6（2024.6重印）
ISBN 978-7-122-26666-8

Ⅰ.①早… Ⅱ.①高…②丁…③金… Ⅲ.①食品工
艺学②食品加工-配方 Ⅳ.①TS201.1②TS205

中国版本图书馆 CIP 数据核字（2016）第 065906 号

责任编辑：彭爱铭　　　　　　　　装帧设计：孙远博
责任校对：宋　玮

出版发行：化学工业出版社（北京市东城区青年湖南街 13 号　邮政编码 100011）
印　　装：涿州市般润文化传播有限公司
850mm×1168mm　1/32　印张 6½　字数 168 千字
2024 年 6 月北京第 1 版第 11 次印刷

购书咨询：010-64518888　　　　　　售后服务：010-64518899
网　　址：http：//www.cip.com.cn
凡购买本书，如有缺损质量问题，本社销售中心负责调换。

定　　价：29.80 元　　　　　　　　　版权所有　违者必究

前 言

饮食是人类赖以生存的基本条件，饮食问题关乎民生，与日常生活息息相关。早晨为一日之始，是人们一天活动的开始，因此，早餐是一日三餐之首，具有重要的地位，只有通过早餐摄取足够的营养和能量，才能保持一整天较好的精神工作状态。

有人认为："早餐是金，午餐是银，晚餐是铜。"每天坚持吃营养全面早餐，则是延年益寿的要素之一。所以不仅要吃早餐，而且还要高度重视早餐的质量。早餐食品必须注意营养充足、粗细搭配。

本书由河南科技学院高海燕和锦州医科大学丁楠、金萍编著，其中高海燕主要负责第一章、第四章和第三章的第一～二节的编写工作，丁楠主要负责第二章、第五章的编写工作，金萍主要负责第六章、第三章第三～四节的编写工作，河南科技学院的莫海珍、张令文，四川旅游学院王林，吉林工程职业学院夏明敬，参与了部分资料查阅和文字整理编写工作。在编写过程中吸纳了相关书籍之所长，并参考了大量相关文献资料，在此对原作者表示衷心感谢。

由于笔者水平有限，不当之处在所难免，希望读者批评指正。

编者
2016 年 1 月

目　录

第一章
概　述

第一节　早餐食品概述和发展方向

一、早餐概述

　　对国内一些地区中小学生及大学生早餐状况的调查发现，很多学生的早餐食用现状不容乐观，不吃早餐的现象极其严重，而且早餐的营养质量普遍较低。不同地区人们的生活习惯差异很大，对早餐的认识深入程度也不同，且家庭环境、经济条件、父母的职业和工作状况、学生自身的生活习惯和生活状态、早餐食物的种类等对学生早餐食用状况影响也很大，因此调查对象中早餐食用情况差异较大，不食用早餐的原因也较为复杂。这些调查对象中坚持每天吃早餐的学生所占比例仅为60％左右，这部分学生养成了吃早餐的习惯，有比较规律的时间安排和生活计划，不会因时间不足或食用早餐麻烦等问题而不吃早餐，避免了肥胖或控制体重等问题。偶尔吃早餐的学生所占比例为5％～20％，从不吃早餐的学生所占的比例为2％～20％，这部分学生已经养成了不吃早餐的习惯，不吃早餐短时间内其身体没有不适感，但长期这样下去，身体会处于亚健康状态，容易出现免疫力低下，精神状态不佳，易疲劳等问题，一些慢性疾病也会趁虚而入。不吃早餐的人患冠心病的概率会比有规律吃早餐的人们高出33％，而且出现高胆固醇血症、高血压和糖尿病的可能性较大。

二、早餐食品发展方向

1. 以谷物为主仍然是早餐食品生产发展的方向之一

尽管谷物食品单独作为早餐,不能提供全面的营养,但是早餐食品加工仍需以谷物为主,因为谷类食物可使人体摄入足量的碳水化合物以补充能量。谷物早餐不仅能满足人体对碳水化合物、蛋白质的需求,还会加强体内重要微量元素的摄入。谷物中的燕麦及燕麦产品更是研究人员和食品企业较为关注的对象。燕麦是 β-葡聚糖和生物活性物质(如酚类物质)的丰富来源,具有较高的抗氧化能力和治疗一些疾病的潜在药理功能;特别是燕麦麸皮,与其他谷物麸皮类似,是 B 族维生素、蛋白质、矿物质的良好来源,其生物活性物质的提取及麸皮营养的生物利用率都是谷物食品开发研究的重点。早餐食品离不开谷物,如何突破传统的早餐谷物食品如馒头、包子、馅饼、米粥等而研发出新型谷物食品并赋予其一定保健功能将是谷物早餐食品研发的重点。

2. 让果蔬产品加入早餐食品行列

现有的早餐能够基本满足人体所需能量,但膳食纤维、维生素和矿物质成分缺乏,水果和蔬菜是补充这些营养素的最好选择,而人们的早餐常常忽略水果和蔬菜。因此早餐需要水果和蔬菜及其加工产品的加入,进而丰富早餐食品的种类,使早餐的营养更加均衡。近年来,鲜切果蔬因其新鲜、营养、方便、卫生等优点而逐渐受到人们的欢迎,将其作为早餐的一部分可相应地减少人们准备早餐的时间,使得早餐营养更全面,有助于人体健康。将苹果皮粉加入到松饼中,不仅不影响感官品质,还能显著提高总膳食纤维、总酚含量和抗氧化能力。果蔬作为辅食进入早餐是早餐食品发展的一个趋势,其具体产品形式、产品品质控制、如何推广等问题还需相关研究人员和食品企业深入考虑。

3. 对现有的早餐产品进行改进加工

现有的早餐都存在食物种类单一、营养不全面等各种各样的问题,采取一定措施对现有早餐产品进行改进,使其能够满足人体对早餐营养和能量的需求，将是早餐食品行业的一个发展方向。可改善生产工艺，尽可能减少营养成分损失或者添加相应能够补充所需营养的食品材料，如某集团研制出含有果粒类、果纤类、谷物类和蛋黄粉的早餐奶，提供早餐所需的蛋白质、脂肪、碳水化合物等全面的营养，其方便快捷的特点将成为人们早餐考虑的对象。还可开发新口味的产品，增加相应产品的种类，使产品更加美味，满足人们的需要，如市场上的罐装八宝粥主要是甜味产品，使得不爱甜食或患有糖尿病的人群选择早餐时受到限制，开发不同口味且营养价值较高的八宝粥将会更加受到人们喜爱。

第二节　营养早餐设计与制作

一、营养早餐的搭配

1. 健康早餐的三大类食物

一般健康早餐至少包括下列 3 大类食物。

第一类：碳水化合物含量丰富的粮谷类食物，如面包、馒头、花卷、豆包、饼干、馒头等。

第二类：蛋白质含量丰富的食品，如牛奶、鸡蛋、酸奶、豆浆、火腿、肉类。如果只有第一类食品，而没有第二类食品（蛋白质），那么血液中葡萄糖很快下降能量消耗殆尽。

第三类：维生素、矿物质含量丰富的新鲜蔬菜、水果或果汁等，更有利于营养平衡。

2. 营养的关键

（1）什么都吃了一点就营养平衡合理了吗？答案是"错"。正确答案是，按比例调配食物营养素。人体是由各种营养素按比例组成的，而平衡膳食则要求所供给的营养素与人体所需要的营养素保持平衡，所以合理的比例就显得尤为重要。

（2）什么是"合理营养"？合理营养的含义是由食物中摄取的各种营养素与身体对这些营养素的需要达到平衡，既不缺乏，也不

3

过多。

缺乏某些营养素会引起营养缺乏病，如缺钙引起的佝偻病，缺铁引起的贫血等。某些营养素（如脂肪和碳水化合物）摄取过多则会引起肥胖病、糖尿病、心血管病等"富贵病"。营养缺乏或过多引起的病态统称为营养不良，都是营养不合理的后果，对健康是十分有害的。没有一种食物能供给人体所需的各种营养素，安排膳食尽量采取多样化的食物，根据各种食物中不同的营养成分恰当地调配膳食来全面满足身体对各种营养素的需要。

（3）合理营养还包括合理的用膳制度和合理的烹调方法。一日三餐定时定量。一般来说，三餐食物量的分配不应相差很多，午餐可适量地多吃一点，早餐和午餐切记不可暴饮暴食。合理的烹调方法不但可使食物美味可口，促进消化吸收，还起到消毒杀菌的作用，但应注意尽量减少烹调过程中营养的损失。例如，淘米时的过度搓洗，高温油炸食品，新鲜蔬菜切碎后长时间用水浸泡和长时间熬煮等都会导致营养素的损失。

（4）早餐是一天中最重要的一餐，是健康的关键。早餐摄食的能量占人体所需能量的 30%，早餐营养的摄入不足很难在午餐和晚餐中补回来。

3. 早餐的搭配

（1）主食不能少　主食主要包括面包、馒头、面条等，一般分量在 50g 左右，身体高大或者体力消耗大的可增加到 100g。总体来说，早餐的主食量不宜太大。

（2）要有奶制品蛋类　可以是牛奶、酸奶或者豆浆，每餐的分量在 250mL；如果是孕妇，老年人需要通过奶制品补钙时，也应分时段饮用，不宜在早上把一天所需的奶制品全部喝完；每天应保持一个鸡蛋的摄取量。

（3）适当增加液体食物　主要是果汁、橙汁等饮品，增加水溶性维生素的摄入；另外，可根据自己的饮食习惯，适当吃些奶油、奶酪、果酱等。

二、我国早餐种类及营养分析

营养学界将早餐食物类别构成分为 4 类,即谷类、肉蛋类/豆制品、乳及乳制品和水果及蔬菜类,早餐食物能包含这 4 类为营养质量良好,3 类为营养质量一般,2 类及以下为营养质量不良。

早餐食物与饮食习惯密切相关,一些上班族和学生由于时间问题会选择方便简单快捷的早餐。他们或是在路边购买早餐如煎饼、包子、粥等,边走边吃,在上班或上学的路上解决早餐,但是边走边吃不利于消化和吸收,对肠胃健康不利,而且沿街经营的餐点大部分存在卫生隐患;或是提前在超市或商店购买即食的方便食品,如早餐奶、营养快线等乳制品,饼干、面包等烘烤食品,燕麦片、芝麻糊、豆奶粉等冲调类早餐食品。即食的方便食品节省了做早餐的时间,食用简单方便,受到很多工作紧张的上班族和学业繁重的学生喜爱。但是长期食用方便食品也会产生一些问题,如营养不全面,长期食用容易导致营养不良甚至出现疾病。

近年来西式快餐主要包括汉堡包、炸鸡、炸薯条等,由于其口味好、方便快捷等特点越来越受到人们欢迎,尤其是儿童及小学生。大部分小学生随个人爱好选择早餐,以快餐、油炸、膨化食品等缺乏营养价值的食品为主。西式快餐一般具有三高(高热量、高脂肪、高蛋白质)和三低(低矿物质、低维生素和低膳食纤维)的特点。西式快餐多为烘烤、油炸食品,存在反式脂肪酸问题和丙烯酰胺等潜在致癌危害。一些学生对西式快餐营养的认识不清,过多消费快餐会对身体健康产生不良影响,因此,西式快餐不适合作为早餐,也不宜长期食用。

三、营养早餐食谱设计

1. 一周营养早餐食谱

周一:鲜豆浆 25g,馒头 100g,酱胡萝卜 50g,茶鸡蛋一个。

周二:黄米粥 280g,菜饺 100g,香油黄瓜丝 100g。

周三:大米稀饭 250g,包子 100g,酱黄瓜 50g。

周四：鲜牛奶 250g，面包 100g，苹果一个。

周五：燕麦粥 250g，蒸包 100g，茶鸡蛋一个。

周六、周日可根据自己的喜好制作丰富一点，切勿暴饮暴食。

2. 三明治的制作

三明治作为早餐是不错的选择，做法简单，营养丰富深受年轻人的喜爱。

（1）原料　白吐司面包 8 片，西红柿 100g，优格酱 30g，黄油 20g，火腿 50g，鸡蛋 100g，生菜 50g，可根据个人喜欢加入花生酱、咸鸭蛋黄、芝麻等。

（2）做法　将黄油均匀涂抹在白吐司上对边切成三角形，放入烤箱烤至金黄色，鸡蛋火腿煎至金黄色，西红柿切片。在烤好的吐司上均匀抹上优格酱，把生菜、火腿、鸡蛋等用吐司片夹好即成。配上酸奶或者纯奶、豆浆、橙汁等果汁都可以。方便快捷，口感好，便于销售，制作过程中没有油条的油烟和高温，也少了包子的繁琐制作方法。搭配苹果或者香蕉就把维生素补充上了。

第二章
早餐食品主要原辅材料

第一节 谷 物

一、小麦粉

小麦粉是用小麦经过清理除杂、润麦、制粉、配粉等工艺磨制而成的。根据不同的分类标准，划分为不同的面粉种类。根据用途可以将食品用面粉可以分成三大类：通用小麦粉（通用粉）、专用小麦粉（专用粉）和营养强化面粉（配合粉）。按照筋力强度分为强筋小麦粉、中筋小麦粉、弱筋小麦粉。

通用粉的食品加工用途比较广，习惯上所说的等级粉和标准粉就是通用粉；专用粉是按照制造食品的专门需要而加工的面粉，品种有面包粉、饼干粉、糕点粉、面条粉等；配合粉是以小麦粉为主根据特殊目的添加其他一些物质而调配的面粉，主要包括营养强化面粉、预混合面粉等。

二、米粉

米粉是用籼米、粳米或糯米等制成的。

1. 米粉加工方法

（1）干磨粉 干磨粉是指将各类米不经加水，直接磨成的细粉。优点是含水量少、保管方便、不易变质，缺点是粉质较粗，制成的成品滑爽性差。

（2）湿磨粉 用经过淘洗、着水、静置、泡涨的米粒磨制而成。优点是粉质比干磨粉细软滑腻，吃口较软糯。缺点是含水量多、难保存。

（3）水磨粉　以糯米为主（占80％～90％），掺入10％～20％粳米，经淘洗、净水浸透，连水带米一起磨成粉浆，然后装入布袋，挤压出水分而成水磨粉。优点是粉质比湿粉更为细腻、制品柔软、吃口滑润；缺点是含水量多、不易保存。

米粉的软硬、黏度，因米的品种不同差异很大，如糯米的黏性大、硬度低，制成品口味黏糯，成熟后容易坍塌；籼米的黏性小、硬度大，制成品吃口硬实。为了提高成品质量，扩大粉料的用途，便于制作，使制成品软硬适中，需要把几种粉料掺和使用。

2. 糕类粉团调制

一般冰皮月饼原料采用米粉，有的称糕粉。所调制的面团称糕类粉团。

糕类粉团是指以糯米粉、粳米粉、籼米粉加水或糖（糖浆、糖汁）拌和而成的粉团。糕类粉团一般可分为三类：松质粉团、黏质粉团、加工粉团。

（1）松质粉团　松质粉团是由糯、粳米粉按适当的比例掺和成粉，加水或糖（糖浆、糖汁）拌和成的松散的粉团，采用先成型后熟制的工艺顺序调制而成。松质粉团制品的特点是多孔、松软，大多为甜味品种。松质粉团根据添加清水或糖浆的区别，又分为两种，用清水拌和的叫白糕粉团，用糖浆拌和的叫糖糕粉团。

① 白糕粉团　工艺流程：糯米粉＋粳米粉＋清水→拌粉→静置→夹粉→白糕粉团

操作要点：加入水与粉拌和，使米粉颗粒能均匀地吸收水分，此过程称做拌粉。拌粉是关键，粉拌得太干，则无黏性，不易包馅，熟制时易被冲散，影响外观；粉拌得太烂，则黏糯无空隙，熟制时蒸汽不易上冒，出现中间夹生的现象，成品不松散柔软。因此，在拌粉时应掌握好掺水量。干磨粉掺水量不能超过40％，湿磨粉的掺水量不超过25％～30％，水磨粉一般不需掺水。同时掺水量还要根据粉料品种调整，如粉料中糯米粉多，掺水量要少一些；粉料中粳米粉多，掺水量要多一些。

还要根据各种因素灵活掌握，如加糖拌和水要少一些；粉质粗掺水量多，粉质细掺水量少等。总之，以拌成后粉粒松散而不黏结成块为准。

为把米粉拌均匀，粉要分多次掺入，随掺随拌，使米粉均匀吸水。

米粉拌和后还要静置一段时间，让米粉充分吸水。静置时间的长短，随米质、季节和制品的不同而不同。

米粉静置后，其中有部分粘连在一起，若不经揉搓疏松，蒸制时不易成熟，所以静置后要进一步搓散、过筛。

② 糖糕粉团　糖糕粉团的调制方法和要点与白糕粉团相同，但不用冷水而用糖浆调制粉团。为了使糕粉能充分吸收到糖，而且又要除去糖中杂质，必须将糖先熬成糖浆，用于拌粉的糖浆，投料标准一般是 500g 糖、250g 水。糖浆的熬制方法是将水、糖一起放入，置于火上熬，火力不能太旺，还要不断搅匀，见糖液泛起大泡，化开，即可离火。糖浆必须在冷却以后再拌入粉内。

（2）黏质粉团　黏质粉团采用先成熟、后成型的方法调制而成。即把粉粒拌和成糕粉后，先蒸制成熟，再揉透（或倒入搅拌机打透打匀）成为团块。取出后切成各式各样的块，再放入模具做成各种形状。黏质粉团制成的黏质糕一般具有韧性大、黏性足、入口软糯等优点。

（3）加工粉团　加工粉团是糯米经过特殊加工而调制的粉团。糯米经特殊加工而成的粉称为加工粉、潮州粉，其特点是软滑而带韧性，用于广式点心、制水糕皮等。调制方法是糯米浸泡、滤干，小火焙炒到水干、米发脆时，取出冷却，再磨制成粉，加水调制成团。

第二节　辅助原料

一、油脂

油脂按其原料来源分为食用植物油和食用动物油脂。食用植物

9

油是以植物油料加工生产供人们食用的植物油。大多数植物油在常温下呈液态,只有椰子油、可可脂等少数油脂在常温下呈固体。食用动物油脂主要是猪油。

1. 植物油

中式糕点生产中常用的植物油包括棕榈油、橄榄油、椰子油、菜籽油、花生油、豆油等。棕榈油和橄榄油均属月桂酸系油脂,在常温时呈硬性固体状态,饱和度高,稳定性好,不易氧化,可用于食品表面的喷油。棕榈油还可用于制作起酥油或人造奶油,制得稳定性高的复合型油脂。椰子油的熔点范围为 $24\sim27℃$。当温度升高时,椰子油不是逐渐软化,而是在较窄的温度范围内骤然由脆性固体转变为液体。利用此特性,椰子油用于夹心料中,吃到嘴里能较快融化。精炼的菜籽油、花生油、豆油和混合植物油在常温下呈液态,有一定黏度,润滑性和流动性好,用于月饼面团中,不但起酥性好,而且能提高面团的润滑性,降低黏性,改善月饼面团的机械操作性。

2. 猪油

猪油是月饼和其他焙烤制品常用的油脂之一。猪油分猪板油、肉膘油和猪网油三种。

猪油色泽洁白光亮,质地细腻,含脂率高,具有较强的可塑性和起酥性,制出的产品品质细腻,口味肥美。但猪油起泡性能较差,不能用作膨松制品的发泡原料。在制作面团时,大多掺入无异味的熟猪油。糖渍猪油丁制品应选用质量好的生板油加工制成。

猪油是动物性油脂,不含天然抗氧化剂,容易氧化酸败,在食品加工过程中经高温焙烤,稳定性差,宜用于保存不长的食品中,或者在使用时需添加一定量的抗氧化剂。

3. 起酥油

起酥油是由精炼动植物油脂、氢化油或这些油脂的混合物,经混合、冷却塑化而加工出来的,具有可塑性、乳化性等加工性能的固态或具流动性的油脂产品,可按不同需要以合理配方使油脂性状分别满足各种焙烤制品的要求。调节起酥油中固相与液相之间的比例，可使整个油脂成为既不流动也不坚实的结构，使其具有良好的可塑性和稠度；亦可增加起酥油中液状食用性植物油的比例，制成流动性的起酥油，以满足食品加工自动化及连续化的需要。起酥油中往往添加了乳化剂。乳化剂在面团调制时与部分空气结合，这些面团中包含的气体在食品焙烤时受热膨胀，能提高食品的酥松度。

4. 奶油

天然奶油是从牛奶上表层收集起来的、经过剧烈搅拌而制成的均相平滑的产品。奶油有甜奶油和加盐奶油两种。甜奶油亦称无盐奶油。在常温下可以保存 10 天左右，而在冰箱中则可以保存数月。在冰箱内保存时，必须将其密封，否则它会吸附周围其他食品的风味。

人造奶油是以氢化油为主要原料，添加适量的干乳或乳制品、乳化剂、食盐、色素、香料和水加工制成的。它的软硬度可根据各成分的配比来调整。人造奶油的乳化性能和加工性能比奶油要好，但其香气和滋味则逊色得多。一般来说，人造奶油与天然奶油搭配使用，以得到风味和外观色泽良好的产品。

二、蔬菜

蔬菜不但含有大量的对人体起重要作用的营养物质，而且含有很大比例的纤维素，对人的消化起到辅助作用。蔬菜还可以丰富产品的种类。蒸制面食中的蔬菜品种很多，有芹菜、白菜、黄瓜、茄子、雪菜、蕨菜、胡萝卜等，其中很大一部分用于包子作为馅料使用。发酵、腌渍、干制的蔬菜在实际应用中也占了很大比例。

三、肉

肉类食物中，人食用得最多的，是畜肉和禽肉这两种。提供畜肉的家畜主要是猪、牛、羊；提供禽肉的家禽主要是鸡、鸭、鹅等。

肉类蛋白属优质蛋白，且含有谷类食物中含量较少的赖氨酸，因此肉类食品宜和谷类食物搭配使用。据实验，如果在植物蛋白质中加入少量的动物蛋白质，可使其生理价值显著提高，例如玉米、小米和大豆混合后，生理价值提高到 73，但若加入少量的牛肉干，可使生理价值提高到 89。营养学家主张，膳食中动物性蛋白质，至少要达到总蛋白量 10％以上。

烹调对肉类蛋白、脂肪和无机盐的损失影响较小，但对维生素的损失影响较大。红烧和清炖肉，维生素 B_1 可损失 60％～65％；蒸和炸的损失次之；炒损失最小，仅 13％左右。维生素 B_2 的损失以蒸时最高，达 87％，清炖和红烧时约 40％，炒肉时 20％。炒猪肝时，维生素 B_1 损失 32％，维生素 B_2 几乎可以全部保存。所以从保护维生素的角度，肉类食品宜炒不宜烧、炖、蒸、炸。

肉类食品营养丰富，主要应用在蒸制早餐面食的食品馅料之中，特别是各种早餐包子加工过程之中的使用。

四、蛋

蛋由蛋壳、蛋白、蛋黄三个主要部分构成。各构成部分的比例，因家禽的种类、品种、年龄、产蛋季节、饲养条件等不同而异。

五、杂粮

1. 玉米

玉米是蒸制面食经常使用的一类原料，它有着十分丰富的营养价值，含有谷固醇、卵磷脂等，能降低胆固醇，防止高血压、冠心病、心肌梗死的发生。

2. 小米

小米的营养价值高，是一种具有独特保健作用、营养丰富的优质粮源和滋补佳品。中医认为：小米味甘、咸、微寒，具有滋养肾气、健脾胃、清虚热等疗效。小米的添加有利于增加产品的风味，改善产品的色泽，增加产品的营养。

3. 甘薯

甘薯又称为红薯，也是经常用于蒸制面食中的一种杂粮原料，甘薯的天然甜味是其他谷物类食品无法比拟的。甘薯含有丰富的氨基酸，其中富含大米、小麦面粉中比较稀缺的赖氨酸，另外甘薯中维生素 A、维生素 B_1、维生素 B_2、维生素 C 和尼克酸的含量都比其他粮食高，钙、磷、铁等无机物含量也较丰富。

六、果料

果仁和籽仁含有较多的蛋白质与不饱和脂肪酸，营养丰富，风味独特，被视为健康食品，广泛用做糕点的馅料、配料（直接加入到面团或面糊中）、装饰料（装饰产品的表面）。常用的籽仁主要有芝麻仁、花生仁和瓜子仁；常用的果仁有核桃仁、杏仁、松子仁、橄榄仁、榛子仁、栗子、椰蓉（丝）等。

第三节　调味料

一、咸味剂

咸味是许多食品的基本味。咸味调味料是以氯化钠为主要呈味物质的一类调味料的统称，又称咸味调味品。

1. 食盐

食盐素有"百味之王"的美称，其主要成分是氯化钠。食盐具有调味、防腐保鲜、提高保水性和黏着性等重要作用。但高钠盐食品会导致高血压，新型食盐代用品有待深入研究与开发。

2. 酱油

酱油是我国传统的调味料，优质酱油咸味醇厚、香味浓郁。其成分为盐、氨基酸、有机酸、醇类、酯类等。

酱油的作用如下。

（1）赋味　酱油中所含食盐能起调味与防腐作用；所含的多种氨基酸（主要是谷氨酸）能增加肉制品的鲜味。

（2）增色　添加酱油的肉制品多具有诱人的酱红色，是由酱色的着色作用和糖类与氨基酸的美拉德反应产生。

（3）增香 酱油所含的多种酯类、醇类具有特殊的酱香气味。

二、鲜味剂

鲜味剂是指能提高食品鲜味的各种调料。

1. 味精

味精学名谷氨酸钠。味精为无色至白色柱状结晶或结晶性粉末，具特有的鲜味。除单独使用外，宜与肌苷酸钠和鸟苷酸钠等核酸类鲜味剂配成复合调味料，以提高效果。

2. 肌苷酸钠

肌苷酸钠又叫 5'-肌苷酸钠。肌苷酸钠鲜味是谷氨酸钠的 $10\sim20$ 倍，一起使用，效果更佳。在肉中加 $0.01\%\sim0.02\%$ 的肌苷酸钠，与之对应就要加 1/20 左右的谷氨酸钠。使用时，由于遇酶容易分解，所以添加酶活力强的物质时，应充分考虑之后再使用。

3. 鸟苷酸钠

鸟苷酸钠可由酵母的核酸进行酶分解而得。鲜味是肌苷酸钠的 2 倍左右，与谷氨酸钠并用有很强的协同作用。

三、甜味剂

甜味料是以蔗糖等糖类为呈味物质的一类调味料的统称，又称甜味调味品。

1. 蔗糖

蔗糖是常用的天然甜味剂，其甜度仅次于果糖。果糖、蔗糖、葡萄糖的甜度比为 4：3：2。肉制品中添加少量蔗糖可以改善产品的滋味，并能促进胶原蛋白的膨胀和疏松，使肉质松软、色调良好。

2. 饴糖

饴糖主要是麦芽糖（50%）、葡萄糖（20%）和糊精（30%）混合而成。饴糖味甜柔爽口，有吸湿性和黏性。

3. 蜂蜜

蜂蜜是花蜜中的蔗糖在蚁酸的作用下转化为葡萄糖和果糖，葡萄糖和果糖之比基本近似于 1：1。蜂蜜是一种淡黄色或红黄色的黏性半透明糖浆，温度较低时有部分结晶而显混浊，黏稠度也加大。

4. 葡萄糖

葡萄糖甜度约为蔗糖的 $65\%\sim75\%$，其甜味有凉爽之感，适合食用。葡萄糖加热后逐渐变为褐色，温度在 $170℃$ 以上，则生成焦糖。

四、其他调味品

1. 醋

食醋是以谷类及麸皮等经过发酵酿造而成，含醋酸 3.5% 以上，是肉和其他食品常用的酸味料之一。醋可以促进食欲，帮助消化，亦有一定的防腐去膻腥作用。

2. 料酒

料酒是肉制品加工中广泛使用的调味料之一。有去腥增香、提味解腻、固色防腐等作用。

第四节　添加剂

一、生物膨松剂

生物膨松剂主要是指酵母。

1. 酵母种类

酵母为单细胞微生物，其形态与大小随酵母的种类不同而有差异，一般为圆形、椭圆形或卵圆形。在食品生产中，常用的酵母有鲜酵母、活性干酵母和即发活性干酵母。

（1）鲜酵母　鲜酵母又称压榨酵母，是由酵母菌种在糖蜜等培养基中经过扩大培养和繁殖，然后，将酵母液用离心分离和压榨方法除去大部分水分而制成的。

鲜酵母使用方便，价格便宜。但是，鲜酵母的发酵力相对较低，市售的鲜酵母发酵力一般只有 $650mL$ 左右，因而，其发酵速度慢，发酵时间长，影响生产效率。即使是低温贮存，鲜酵母的贮存时间也较短，一般仅为 3～4 周。

（2）活性干酵母　活性干酵母是由鲜酵母经低温干燥而制成的颗粒状酵母。活性干酵母的发酵力比鲜酵母高，可高达 1300mL，活性也稳定。

（3）即发活性干酵母　即发活性干酵母是近些年来发展起来的一种发酵速度很快的高活性新型干酵母，它是在干酵母基础上添加了活性催化剂，使发酵力增强。与鲜酵母、活性干酵母相比，即发活性干酵母的活性特别高，发酵力高达 1300～1400mL，活性特别稳定，采用真空密封充氮气包装，室温下贮存期可达 2～3 年。

2.酵母的特性

酵母的生长繁殖受到营养条件、温度、pH 值等环境条件的影响。

（1）酵母所需的营养素　酵母所需的营养物质有碳、氮、无机盐类和生长素等。面粉本身的和在发酵过程中由 α-淀粉酶和 β-淀粉酶转化作用而得的葡萄糖、麦芽糖或加入的蔗糖、转化糖等糖类可作为酵母的碳源。氮源的主要来源是面粉固有的和蛋白质的水解产物，以及各种添加剂中的铵盐，如硫酸铵、氯化铵等。酵母所需要的无机元素为镁、磷、钾、钠等，生长素是促进酵母生长的维生素类，如维生素 B_1、维生素 B_2。现在在生产中往往会在面团中添加酵母食料。酵母食料不仅为酵母的生长繁殖提供足够的养分，而且是一种多功能的复合型面团改良剂，其主要成分有铵盐、钙盐、氧化剂、乳化剂、酶制剂等。

（2）温度对酵母发酵力的影响　酵母生长的适宜温度在 27～32℃之间，发酵最佳温度（在面团中）应是 28～32℃，因此，当面团发酵时，应控制发酵室温度在 30℃以下。

（3）氧、pH 值对酵母发酵力的影响　酵母在有氧及无氧条件下都可以进行发酵。在发酵初、中期，酵母利用面团中的氧气进行呼吸作用，产生二氧化碳，随着氧气的消耗及二氧化碳的积聚，酵母开始选择无氧呼吸，也即是酒精发酵过程。

酵母适宜在酸性条件下生长，在碱性条件下其活性大大降低。

最适 pH 值在 5.0～5.8 之间。pH 值低于 5.0 或高于 8.5 时，酵母的活性将会受到大大抑制。

（4）糖、盐对酵母活性的影响 在面团中的糖、盐成分都可产生渗透压。渗透压过高，会造成酵母质壁分离，使酵母无法维持正常的生长而死亡。不同的酵母，其耐糖性也有差异。在实际生产中，应根据配方中糖的用量来选择酵母，高糖的面团应选用耐糖性好的酵母。

二、化学膨松剂

1. 碱性疏松剂

碱性疏松剂主要是碳酸盐和碳酸氢盐，如碳酸铵、碳酸氢钠（小苏打）、碳酸氢铵。碳酸氢铵起发能力略比小苏打强；分解时它较碳酸铵少产生一分子氨，在制成品中残留少，因而减低了制成品中的氨臭味，用量适当时不会造成过度的膨松状态。碱性疏松剂在焙烤过程受热分解可产生大量的 CO_2，从而使饼胚体积膨胀增大。

2. 酸性疏松剂

酸性疏松剂主要包括酒石酸氢钾、硫酸铝钾、葡萄糖酸-δ-内酯以及各种酸性磷酸盐（如酸性焦磷酸钠、磷酸铝钠、磷酸一钙、无水磷酸一钙、磷酸二钙）。酸性疏松剂本身不会产生 CO_2，它是与碱性疏松剂反应而生成 CO_2 气体的。酸性疏松剂与碱性疏松剂配合使用可使气体缓慢释放，增加产气的长效性，亦能使小苏打全部分解利用，降低碱度，所以，使用时两者的配合要合理，否则，碱性疏松剂过多，会有碱味；酸性疏松剂过多，则会带来酸味，甚至还有苦味。

3. 复合疏松剂

复合疏松剂又称泡打粉、发泡剂、发酵粉，亦称为膨胀剂或膨松剂。广泛应用于面食蛋糕、饼干等食品的生产制造。由于碱性疏松剂碳酸氢铵加热时产生刺激性氨气的气味，虽然容易挥发，但成品中有时能残留一些，从而带来不良的风味，因此人们常使用复合疏松剂。其成分一般为苏打粉配入可食用的酸性盐，再加淀粉或面粉为充填剂而成的一种混合化学药剂，规定发酵粉所产生的二氧化碳不能低于发酵粉重量的 12%，也就是 100g 的发酵粉加水完全反应后，产生的二氧化碳不少于 12g。发酵粉中的酸性成分和苏打遇水后发生中和反应，释放出二氧化碳而不残留碳酸钠，其生成残留物为弱碱性盐类，对制品的组织不会产生太大不良影响。

三、面团改良剂

生产糕点的时候有时需要面团有良好的塑性和松弛的结构。除选择低面筋含量的低筋粉，增加糖油比等方法外，还可添加面团改良剂。

1. 韧性面团改良剂

生产韧性糕点时，由于面团中油、糖比例较小，加水量较多，因此面团的面筋可以充分地膨润，如果操作不当常会引起制品变形，所以要使用改良剂。饼干中使用的面团改良剂一般为还原剂和酶制剂，它们可使面团筋力减小、弹性减小、塑性增大，使产品形态平整、表面光泽好，还可使搅拌时间缩短。

常用的降筋剂有 L-盐酸半胱氨酸盐酸盐、焦亚硫酸钠、抗坏血酸、木瓜蛋白酶、蛋白酶（枯草芽孢杆菌）、胃蛋白酶、胰蛋白酶等。亚硫酸氢钠（钙）也是目前仍在使用的还原剂。

2. 发酵面团改良剂

在糕点生产中，当使用面筋含量较高的面粉时，面团发酵后还保持相当大的弹性，在加工过程中会引起收缩，烘焙时表面起大泡，且产品的酥松性也会受到影响。利用蛋白酶分解蛋白质的特性来破坏面团的面筋结构，可改善饼干产品的形态，并且使产品变得易于上色。

3. 酥性面团改良剂

酥性面团中脂肪和糖的含量很大，足以抑制面团面筋的形成，但面团发黏，不易操作。常需使用卵磷脂来降低面团黏度。卵磷脂可使面团中的油脂部分地乳化，为面筋所吸收，改善面筋状态，使饼干在烘焙过程中，容易生成多孔性的疏松组织。此外卵磷脂还是一种抗氧化增效剂，可使产品保存期延长。由于磷脂有蜡质口感，所以用量一般在1%左右，过量会影响风味。

4. 半发酵面团改良剂

半发酵型糕点生产工艺属于发酵性与韧性两类糕点的混合新工艺。目前，在这类糕点的生产过程中，普遍应用木瓜蛋白酶和焦亚硫酸钠作为面团改良剂。用酶制剂和还原剂双重功能，从横向和纵向两方面来切断面筋蛋白质结构中的二硫键（—S—S—），使之转化成硫氢基键（—SH），达到削弱面筋强度的要求。这样做，一方面保持饼干形态，使之不易变形，另一方面则降低烘烤时的抗胀力，使产品酥松度提高。

5. 面团改良剂使用注意事项

面团改良剂的使用要针对性强，用量要适当。要从产品特性、工厂设备、加工工艺特点、原料品质、气温等方面考虑，在能达到目的的情况下尽量少用。当使用面筋含量过低的面粉可稍增加氧化剂的量；面筋过高时应使用还原剂、酶制剂，减少氧化剂。面团改良剂的使用量应根据制品的性状来决定其数量。

四、食用色素

1. 人工合成着色剂

人工合成着色剂优点是性质稳定、着色力强、色彩鲜艳、可任意调配、价格便宜、均溶于水、使用方便的特点。缺点是均有一定的毒性，因此要严格按照我国 GB 2760《食品添加剂使用卫生标准》规定使用。

（1）苋菜红　苋菜红又称酸性红、鸡冠花红、杨梅红、蓝光酸性红等。属于偶氮类染料。不适合在发酵食品中使用，但在不发酵的食品中能很好地保持色泽。苋菜红及其苋菜红铝色锭可用于糕点上彩装、红绿丝，最大使用量为 0.05g/kg。

（2）胭脂红　胭脂红又称丽春红、大红等。属于偶氮类染料。作为食用红色着色剂，胭脂红及其胭脂红铝色锭用于糕点上彩装、红绿丝等的最大使用量为 0.05g/kg。

（3）柠檬黄　柠檬黄又称酒石黄、肼黄、酸性淡黄。属于偶氮类染料。作为食用黄色着色剂，柠檬黄及其柠檬黄铝色锭用于糕点上色、红绿丝的最大使用量为 0.1g/kg。

（4）靛蓝　靛蓝又称酸性靛蓝、食品蓝、磺化靛蓝等。作为食用蓝色着色剂，靛蓝及其靛蓝铝色锭用于糕点上彩装的最大使用量为 0.10g/kg；用于红绿丝的最大使用量为 0.20g/kg。

2. 食用天然着色剂

食用天然着色剂一般是从动、植物组织和微生物中提取出来的，因此一般来说对人体的安全性较高。

天然着色剂优点是安全，缺点是较难溶解，不易染着均匀，稳定性差。因为是从天然物中提取出来的，由于其共存成分的影响，有时有异味、异臭。

（1）胡萝卜素　β-胡萝卜素为深红紫至暗红色有光泽斜方六面体或结晶性粉末，有轻微异臭和异味。使用中常配成 30% β-胡萝卜素的植物油悬浊液或乳化液（使用方便并可防氢化），以替代油溶性焦油系着色剂。

（2）栀子黄　栀子黄为栀子果实经水浸提、浓缩、干燥而成的黄色素，其呈色的成分主要为藏红花素和藏红花酸。栀子黄作为食用黄色着色剂可用于糕点上彩装、膨化食品、面饼，最大使用量为 0.3g/kg。

五、防腐剂

1. 丙酸钙

丙酸钙作为防腐剂、防霉剂，按我国 GB 2760《食品添加剂使用卫生标准》规定，用于生面湿制品（切面、馄饨皮）的最大使用量（以丙酸计，下同）为 0.25g/kg；用于面包、糕点、豆制食品的最大使用量为 2.5g/kg。

2. 丙酸钠

丙酸钠作为防腐剂、防霉剂，按我国 GB 2760《食品添加剂使用卫生标准》规定，本品可用于糕点中，最大用量为 2.5g/kg。丙酸钠多用于起酥糕点等西点。其钠盐造成的碱性会延缓面团发酵，用量过多阻止酵母生长，损害风味。

3. 山梨酸

本品属酸性防腐剂，在 pH 值 8 以下防腐作用稳定。pH 越低防腐作用越强。山梨酸及山梨酸钾可用于氢化植物油、即食豆制食品、糕点、馅、面包、蛋糕、月饼，最大使用量为 1.0g/kg。山梨酸（钾）使用量以山梨酸计。山梨酸及山梨酸钾同时使用时，以山梨酸计，不得超过最大使用量。

4. 双乙酸钠

双乙酸钠用于即食豆制食品、油炸薯片的最大使用量为 1.0g/kg；用于膨化食品、调味料的最大使用量为 8g/kg；用于复合调味料的最大使用量为 10.0g/kg；用于糕点的最大使用量为 4g/kg。本品与山梨酸等并用，有较好的协同作用。

5. 纳他霉素

纳他霉素可作为表面处理的防腐剂用于广式月饼、糕点，最大使用量为 0.2～0.3g/kg。纳他霉素悬混液喷雾或浸泡残留量小于 10mg/kg。

六、乳化剂

乳化剂类可用作面团增强剂和组织柔软剂，常用的有蔗糖脂肪酸酯（SE）、硬脂酰乳酸钠（SSL）、硬脂酰乳酸钙（CSL）和卵磷脂（LC）等。它们加入面粉后能够和小麦粉中的蛋白质及淀粉产生结合作用，从而达到增强面条的筋力、弹性和韧性的作用，同时也阻止了淀粉被水溶出，减慢淀粉的结晶速度，从而延缓淀粉的老化。

1. 蔗糖脂肪酸酯

蔗糖脂肪酸酯又称脂肪酸蔗糖酯，简称蔗糖酯，是一种使用安全的乳化剂和营养剂，能对水和油起乳化作用。蔗糖酯对淀粉类食品品质的提高和改善作用明显，具有能够提高面团的弹性、韧性和筋力，使产品口感滑润、不浑汤，并能保持面条原有的色、香、味等优良特点。用于面包和蛋糕时的用量为面粉重量的0.2%～0.8%。

2. 硬脂酰乳酸钠

硬脂酰乳酸钠是一种水包油型（O/W）乳化剂，有特殊的脂香，能促使面团的面筋网络结构更加紧密和富有弹性及韧性，同时它和直链淀粉作用时会形成不溶性的复合物，能抑制淀粉的溶出、回生和老化，不仅提高了面条的弹性、韧性和筋力，而且不浑汤，耐泡性好，对面条烹调性能有较大影响。生产时的添加量为面粉重量的 0.2%～0.5%。

3. 硬脂酰乳酸钙

硬脂酰乳酸钙是一种水包油型（O/W）乳化剂，有特殊的焦糖气味，能增大面粉的吸水率和面团的延伸阻力及膨松柔软性能，改善面条的色泽，对于提高面条的弹性、韧性、筋力及机械加工和烹调性能有较大影响。生产面条时的添加量为面粉重量的0.2%～0.5%。

4. 卵磷脂

卵磷脂是一种水包油型（O/W）的营养剂和天然乳化剂。添加卵磷脂能缩短和面时间，还能够提高面团的光泽、韧性及防止老化。

第三章
蒸制早餐食品

第一节　馒头类

一、雪花馒头

1. 原料配方

面粉 10kg、即发干酵母 16～20g、碱 10～18g、水 3.2～3.8kg。

2. 操作要点

（1）和面　将 80％的面粉、全部即发干酵母放到和面机中拌匀，加入所有温水，搅拌至面团均匀。

（2）发酵　在温度 30～35℃，相对湿度 70％～90％的发酵室内，发酵 70～100min，至面团完全发起，内部呈大孔丝瓜瓤状。

（3）戗面　发好面团再入和面机，加入剩余面粉，用少许水将碱化开也倒入和面机。搅拌 6～10min，至面团无黄斑，无大气孔。

（4）揉面　将和好的面团分割成一定量的面块，在揉面机上揉轧 20 遍左右，使面团细腻光滑。

（5）刀切成型　轧好的面片放于案板上，卷成长条，刀切分割为一定大小的刀切方馒头形状。圆边紧靠成排放于托盘上，上蒸车。

（6）醒发　推蒸车入醒发室，醒发 30～50min，至馒头开始胀发。

（7）汽蒸　整车馒头推入蒸柜，0.03～0.04MPa 汽蒸 24～

28min（100～140g 馒头）。

（8）冷却包装　蒸好的馒头放于无风的环境中，冷却 10～15min，装入塑料袋中，再装入保温箱中。

二、杠子馒头

1. 原料配方

面粉 10kg、即发干酵母 20g、碱 12～24g、水 4～4.8kg。

2. 操作要点

（1）和面　将全部面粉、即发干酵母倒进和面机中，搅拌混匀，加入水和面 8～12min，至物料分散均匀，面团形成。调节水温，使和好的面团达到 33℃左右。

（2）发酵　在温度 30～35℃，相对湿度 70%～90% 的发酵室内，发酵 50～90min，至面团内部呈大孔丝瓜瓤状。

（3）揉面　发好面团再入和面机，少许水将碱化开也倒入和面机。搅拌 3～5min，至面团均匀，无黄斑，无大气孔。将和好的面团分割成 2.5kg 左右的面块，在揉面机上揉轧 10～15 遍，使面团细腻光滑。

（4）成型　轧好的面片放于案板上，卷成长条，分割为 80～140g 的面剂，将面剂用手揉成长圆形，排放于托盘上。

（5）醒发　排放馒头后的托盘上蒸车，推入醒发室，醒发 50～70min，至馒头胀发。

（6）汽蒸　整车馒头推入蒸柜，0.03～0.04MPa 汽蒸 22～28min。

（7）冷却包装　蒸好的馒头放于无风的环境中，冷却 10～15min，装入塑料袋中，再装入保温箱中。

三、高桩馒头

1. 原料配方

面粉 10kg、即发干酵母 14g、水 3.8kg 左右。

2. 操作要点

（1）和面　将面粉、酵母倒入和面机，拌匀。加适量温水和成较硬的面团。

（2）压面　用揉面机揉轧 20～30 遍。

（3）整形　压好面后在案板上手揉成直径 3cm 左右的粗长条、揪成 70～100g 一个的小剂，再把每个小面剂搓成高约 10cm 的生坯，手搓要用力，坯表面光滑。揉时要撒一些干面粉，成馍时才能产生层次。

（4）醒发　生坯放入垫有棉布的木箱中，放入醒发室醒发 20～30min。

（5）蒸制　将醒好的生坯放在上架车推入蒸柜，0.03～0.04MPa 汽蒸 25～28min。

3. 注意事项

（1）和面必须掌握加水量，揉面要重压，使制品香而润滑。

（2）醒面时揉面，必须边揉边加干面粉，使制品呈多层次而更加干香。

四、水酵馒头

1. 原料配方

面粉 10kg、糯米 1.2kg、白糖 100g、小苏打 20～50g、酒药 15g。

2. 操作要点

（1）制米酒　把糯米（750g）用水淘净，放容器内用水浸胀（夏季浸泡约 6h，冬季浸泡约 12h），捞出用清水冲洗干净，上蒸笼蒸熟再将蒸饭过水（夏季饭要凉透，冬季饭要微温）。取小缸一只洗净，反扣蒸锅上蒸 5h 取下（夏季待缸冷透，冬季缸要微热），缸内不能沾水。将蒸饭放入缸内（冬季在放饭前，缸底缸壁要撒一点酒药末），把酒药末撒在饭上拌匀，按平，中间开窝，用干净布擦净缸边，加盖，待其发酵（夏季 2～3 天，冬季要在缸的周围堆满糠，保温发酵 5～7 天），见缸内浆汁漫出饭中间的小窝，酒即酿成，将酒酿用手上下翻动，待用。

（2）发酵米饭　将剩下的糯米用水淘洗干净放入锅内，加清水置火上烧开，并立即将炉火封实，微温焖熟，不能有锅巴，饭蒸好后盛起（夏季要等饭凉透，冬季保持微温），即可投入酒酿缸中，搅匀，盖上缸盖，用所酿之酒促使发酵（夏季6h，冬季12h，冬季时缸的周围仍围糠保温），制成酵饭。

（3）取酵汁　夏季取25℃左右的冷水（冬季用40℃左右的温水）10kg，倒入水酵饭缸内，用棒拌匀，加盖发酵12h左右（冬季24h左右，缸的外边围糠保温），靠缸边听到缸内有螃蟹吐沫似的声音，用手捞起饭，一捏即成团时，即可用淘箩过滤取出酵汁。在酵汁内放白糖（100g），用舌头尝试一下酵汁，仍有酸味，可根据酸度大小酌情放入小苏打（25～50g）。

（4）和面　将面粉倒入面缸内，中间扒窝，掺入酵汁（冬季要加热至30℃）拌和发酵。在案板上撒些扑粉，将发酵好的面团分成8～10块，反复揉轧至光滑细腻。

（5）整形　面团光滑后搓成圆条，摘成70g左右的剂子，再做成一般圆形馒头。

（6）蒸制　整形后放入蒸笼内（冬天要将蒸笼加温，以手背按在笼底下不烫手为宜），由其在笼内自行胀发起一倍半左右，揭开笼盖让其冷透，吹干水蒸气。再上旺火蒸约20～22min，按至有弹性，不粘手即熟。如发现馒头自行泄气凹陷，要随即用细竹签对泄气的馒头戳孔，用手掌拍打即能恢复原状。

五、荞麦馒头

1. 原料配方

面粉10kg、荞麦粉4kg、干酵母40g、水6kg左右。

2. 操作要点

（1）和面　面粉、干酵母倒入和面机混匀，加水搅拌6～10min。

（2）压面、成型　揉轧5遍左右，刀切成型。排放于托盘上蒸车。

（3）醒发 在醒发室内醒发 50min 左右。

（4）蒸制 入柜 0.03MPa 汽蒸 23～27min。

六、开花馒头

1. 原料配方

面粉 10kg、绵白糖 2kg、碱 200g、鲜酵母 200g。

2. 操作要点

（1）辅料处理 将绵白糖放入容器中溶化；鲜酵母放在盆中加水搅打成泥浆状；以碱和水为 1：2 的比例溶化成碱水。

（2）和面 先将面粉 6kg 倒入盆中，将鲜酵母泥浆稀释成溶液（一般面粉和水的比例为 2：1），倒入面粉揉成面团；在 30～32℃的温度中发酵 2～3h。随后，再加入其余面粉、糖水和碱水，揉透揉匀后，再发酵 2～3h，使面团发足。

（3）成型 将发好的酵面放在台板上，揉搓成长条，按所要求摘成小面坯搓成圆馒头形，并在顶部划个十字口，盖上一块半干半湿的清洁白布，使其发酵 15min。

（4）蒸制 将成型的馒头放入已煮沸水锅的笼屉中，用旺火蒸15～20min，待馒头开花，手按即会自行弹起。

七、奶白馒头

1. 原料配方

面粉 10kg、干酵母 40g、食盐 20g、白糖 1kg、甜香泡打粉100g、色拉油 300g、单甘酯 10g、馒头改良剂 50g、鲜奶精 30g、水 4.8kg。

2. 操作要点

（1）原料处理 食盐、白糖、馒头改良剂一同用温水溶解。

（2）调粉 将干酵母、甜香泡打粉、鲜奶精和面粉在和面机内混合均匀，加水及溶解盐、糖的溶液，搅拌 2min 成面絮时加入色拉油和单甘酯，再搅拌 6～10min，至面团细腻。

（3）成型 将面团分割成 1kg 左右的大块，在揉面机上揉轧

27

20～30遍，至表面光滑细腻。在案板上卷后切成20g左右的小馒头，排放于蒸盘上。

（4）醒发　蒸盘上架车后推入醒发室，醒发60～80min，至坯胀发2倍左右。

（5）汽蒸　推入蒸柜，0.02～0.03MPa蒸制15min左右。

八、水果馒头

1. 原料配方

面粉10kg、牛奶2kg、鸡蛋20只、白糖500g、什锦蜜饯500g、鲜酵母200g。

2. 操作要点

（1）制老面团　取清洁盛具，放入鲜酵母，用牛奶将鲜酵母调开，加入白糖200g和水2.5kg调匀，放在温暖的地方，经0.5～1h发酵，待用。

（2）和面　将面粉倒入和面机，再将鸡蛋敲开，放入盆中，将鸡蛋液调入的鲜酵母、白糖及牛奶，与面粉搅拌至均匀、和透，然后放在面斗中，入发酵室使面团发起。

（3）整形　将什锦蜜饯切碎，把碎蜜饯和白糖300g揉入发起的面团中，把面团分成50～80g面剂。

（4）蒸制　面剂放于蒸盘上入醒发室稍醒，即可上笼蒸，旺火蒸20～25min，待馒头蒸熟，离火、出笼。

九、芝麻馒头

1. 原料配方

面粉10kg、白芝麻1kg、豆蔻150g、干酵母50g、食碱适量。

2. 操作要点

（1）原料预处理　将芝麻淘洗干净，控净水，放锅内用小火炒至酥香，取出，搓去外皮，擀压成芝麻粉。豆蔻去净杂质，碾成细末。干酵母、食碱分别加温水化开。

（2）和面、发酵　将芝麻粉、豆蔻末加入面粉中拌匀，再加入酵母及适量温水，和成面团，加盖湿布，放温暖处发酵。

（3）整形　待其发酵好后，放案板上加入碱水，揉匀揉透，搓成条，用刀切成 200 个小面剂，揉成馒头形。上蒸算醒发 30min。

（4）蒸制　待蒸锅烧开后，将蒸算移锅上，加盖，用旺火急蒸 22min 左右，取出即成。

十、荷花馒头

1. 原料配方

面粉 1000g、老面 1000g、白糖、红曲水、碱水各适量。

2. 操作要点

（1）和面、发酵　在面粉加水调好后，掺入老面揉匀，用湿布盖上，待发酵好后兑上碱水揉透，用湿布盖好，稍醒。

（2）整形、蒸制　将醒透的面团揪成 12 个剂子，做成馒头，上笼用大火蒸约 22min，待外皮不粘手时即取出，稍凉，趁热剥去馒头外皮。

（3）造型　用干净剪子将馒头剪出 3～4 层荷花瓣。剪时由上而下，花瓣逐层减少。而后用小刷子将红曲水轻轻地刷在花瓣顶端即可。

十一、枣花馒头

1. 原料配方

面粉 10kg、干酵母 40g、大枣 400 个、水 4kg、碱适量。

2. 操作要点

（1）制老面团　将 80％面粉与全部干酵母混合均匀，加水在和面机中搅拌 4～6min，入面斗车进发酵室，发酵 60min 左右。碱用少许水溶解备用。

（2）和面　发好的面团再入和面机，加入剩余面粉和碱水搅拌 6～10min，至面团细腻光滑。

（3）揉面　将和好的面团用揉面机揉轧 10 遍左右，在案板上卷成长条，搓细至直径 2cm 左右长条，用粗不锈钢丝顺面条压两条印，截成约 20cm 长的面条，将面条折成"M"形，每个折点夹一颗大枣，再用筷子在两边夹一下。排放于托盘上，上架车。

（4）醒发　将架子车推进醒发室内，在 36～39℃温度下发酵 40～60min，到馒头胀发充分时为止。

（5）蒸制　将发酵好后的馒头推车取出，推进蒸柜内，在 0.03～0.05MPa 汽蒸 25～28min。

十二、南瓜馒头

1. 原料配方

特一粉 10kg、生南瓜 8kg、白糖 10g、即发干酵母 48g、泡打粉 44g、水 2kg。

2. 操作要点

（1）原料预处理　将南瓜切开，去瓤去皮洗净，置于蒸锅中蒸制 15min，加入白糖拌匀成糊。

（2）和面　面粉与酵母和泡打粉混合均匀，加入水和南瓜糊，搅拌至面团均匀细腻。

（3）整形　馒头机成型为 60～100g 馒头坯，经整形机整形后，排于托盘上，上架车。

（4）醒发　推架子车进入醒发室醒发，醒发温度为 37℃左右，时间为 50～70min，至馒头胀发充分的时候为止。

（5）蒸制　醒发成功后，再推架子车进入蒸柜，在 0.03～0.05MPa 压力的蒸汽下蒸 22～25min。

十三、玉米小米面馒头

1. 原料配方

面粉 10kg、玉米面或小米面 5kg、即发干酵母 30g、砂糖 400g、碱 18g、水 6kg 左右。

2. 操作要点

（1）和面　面粉、即发干酵母倒入和面机混匀，将砂糖、碱分别用水溶解后加入，加水搅拌 6～10min。

（2）压面、成型　揉轧 10 遍左右，刀切成型。

（3）醒发　排放于托盘上蒸车。在醒发室内醒发 50min 左右。

（4）蒸制　入柜 0.03MPa 汽蒸 23～27min。冷却包装。

十四、阆中蒸馍

1. 原料配方

特一粉 10kg、白糖 2kg、鲜酵母 400g、糖桂花 200g。

2. 操作要点

（1）第一次和面、醒发　事先用鲜酵母 400g、白糖 100g、面粉 1.5kg 及水 1.5kg 搅拌成稀糊状，发酵成酵面（发酵室内发 5h 左右）。

（2）第二次和面　将面粉 8kg、白糖 1.8kg（其余面粉、白糖做扑面用），倒入和面机中，加水 2kg，与酵面、糖桂花拌匀。加入扑面，揉轧均匀后，搓成长条。

（3）整形　将搓成的长条揪分成 200 只面剂，逐个揉成状如高桩馍形的生坯。

（4）第二次醒发　整形后的馒头坯放在木盆里饧发（春、夏季约 20min，秋、冬季约 30min）。

（5）蒸制　饧发后用刀在"馍馍"的顶部划一道 2cm 深的口子，入笼用大火蒸 22min 即成。

（6）成品　二次发酵工艺做的蒸馍甜香绵实，色泽洁白。

十五、陕西罐罐馍

1. 原料配方

面粉 10kg、水 3.8kg、即发干酵母 14g、碱适量。

2. 操作要点

（1）和面　将面粉、即发干酵母倒入和面机，拌匀。加适量温水和成较硬的面团，入发酵室发酵 50～70min，至面团完全胀发。

（2）加碱水　加适量碱水搅拌均匀。

（3）压面、整形　用揉面机揉轧 20～30 遍，再在案板上用手揉

31

成直径 3.3cm 左右的粗长条，揪成 100～140g 一个的面剂，再把每个小面剂搓成高约 10cm 的生坯，手搓要用力，坯表面光滑。揉时要撒一些干面粉，成馍时才能产生层次。最后整形为罐罐形状。

（4）发酵　放入垫有棉布的木箱中，放入醒发室醒发 20～30min。将醒好的坯叉在叉座上，上架车推入蒸柜，0.03～0.04MPa 汽蒸 27～30min。

十六、橡头馍

1. 原料配方

面粉 1000g、老面 160g（夏季用酵面 120g，冬季用酵面 220g）、30℃温水 350g（夏季 20℃，冬季 50℃）。

2. 操作要点

（1）和面　将面粉 200g 同老面和成面团发酵，另将 700g 面粉和成面团，压成面片，包入发好的酵面团，再将剩余的 100g 干粉放在面块上，用木杠反复挤压，直至干面粉与湿面团结成硬面团为止。经过反复揉搓，放进瓷盆，盖以湿布，饧半小时，待手感发软时即可制作。

（2）压面　取出面团放在案板上，用揉面机反复折压，直至柔软光润，然后搓成条（要求不见缝隙），切成 20 个剂子。

（3）整形　切好的剂子要刀口朝下，用双手掬住，右手向前，左手向后，左手拇指压住馍顶，搓成下大上小的馍坯，状如橡头。将馍坯整齐地排放在案上，盖上湿布回饧。待馍坯微微发虚即为饧透。

（4）蒸制　笼屉上抹一层油，摆上馍坯。将锅置旺火上，水沸后上笼，汽圆后，再蒸约 20min 即成。

十七、刀切馒头

1. 原料配方

面粉 1000g，鲜酵母 50g，白糖 80g。

2. 操作要点

（1）制作种子面团　将鲜酵母放入容器内，加温水（热天用凉水）50g，搅拌成糊状，取面粉（900g）放发面盆内，加清水（春、秋、冬天用温水，夏天则用凉水）600g左右拌匀，再加入鲜酵母糊，反复揉透，揉至光滑不黏、不粘手、不粘盆，加盖保持温度，静置发酵1～2h后，待面发酵呈蜂窝状。

（2）和面、整形　把剩余的面粉撒在面板上，放上发酵面团，加入白糖（也可不加糖），用手揉光滑，搓成直径5cm粗的面条，用刀横切成10个面团，放在面板上静置片刻。

（3）蒸制　取用高压锅或蒸笼，然后加入清水，蒸锅内铺上湿纱布，再用大火加热到沸腾，将刀切馒头生坯排放在湿纱布上，馒头之间间隔2cm为宜，再盖上盖，用大火蒸10～15min，蒸熟后端出即可。

3. 注意事项

（1）发面时必须掌握加水量。

（2）鲜酵母水解一般用温水，不能用沸水以防止失效。

（3）发酵面团不宜多揉，以防酵母菌失效，揉光滑即可搓条切馒头，以免酵母菌失效，制品僵硬不膨松。

十八、硬面馒头

1. 原料配方

面粉1000g，老面100g，碱水20g。

2. 操作要点

（1）制种子面团　将酵种放发面盆内，加温水200g，化开后，放入面粉700g，和匀、捣透，盖上盖（冬天将锅放在饭锅内保温），静置3h左右，待面团发起。

（2）和面、分割、整形、醒发　将发起的酵面（留100g作酵种）放面板上，加碱水及余下的干面粉300g，揉匀揉透，搓成条，分切成10个小面团，逐个捏成圆形馒头，放面板上静置醒发10min，待蒸。

（3）蒸制　将醒发的馒头排放在铺有湿布的蒸格内，用大火急蒸 10~20min，蒸熟开盖，离火取出即成。

3. 注意事项

（1）硬面馒头的和面过程中加水要比普通馒头加水量要少，先用 70% 的面粉和面，30% 的面粉在成型时加入酵面内揉匀，才能使制品结实硬香。

（2）掌握碱水的用量，应视发酵面的老嫩、气候的冷热、碱水浓度来决定。

（3）硬面馒头的酵面不宜发酵时间过长，稍发起即可。发起的酵面加入干面粉后必须揉匀揉透，但要防止久揉，以免酵母菌失效。

（4）揉成馒头形状后，不宜马上入笼蒸制，应有静置、醒发的缓冲时间。

十九、压面馍

1. 原料配方

面粉 1000g，鲜酵母 50g。

2. 操作要点

（1）和面、发酵　将鲜酵母放入小碗内，加 10℃ 温水少许，捏成稀糊状；面粉放入发面盆内，加清水 175g（水温冬天 60℃，春、秋天 30℃，夏天 10℃），再加捏开的鲜酵母糊，和好揉透，用布盖好，发酵 1h，以面发全、松软为好。

（2）压面、整形、醒发　将发酵面放在面板上（如有压面机，则放在压面机上），用双辊反复压数次，两辊之间空隙以 1.5cm 宽为宜，搓成长条，切成 10 个小面团，逐个揉捏成圆形馒头生坯，放在面板上静置、醒发 10~15min。

（3）蒸制、成品　将蒸锅内加入清水烧沸，将馒头生坯排放在蒸格内湿纱布上，并放入蒸锅内，然后盖上锅盖，用大火急蒸 20~30min 后，至熟取出。

3. 注意事项

（1）掌握和面水量，稀释鲜酵母时，水温不能高，以免酵母菌失效。

（2）压面时要压透，但不能压得过死，否则制品不发，面色发黑，影响质量。蒸制时间比一般馒头要长。

二十、千层馒头

1. 原料配方

面粉 1000g，白糖 100g，清水 450g，老面 100g，苏打 11g。

2. 操作要点

（1）和面、醒发　先取面粉 700g，过筛后倒进和面容器里，再加入老面和水反复揉匀成光洁面团。盖上干净湿布，发酵约 3h 后取出，加入白糖、苏打水揉匀，加入余下干面粉用力揉匀，盖上干净布静置约 10min。

（2）整形　在案台撒上扑粉，将面团在上面搓成约 4cm 粗的圆条，扯成 20 个约重 75g 的面剂，双手各抓一个面剂朝一个方向揉搓约 30 次，搓成约 5cm 高的高桩馒头形。

（3）蒸制　蒸格刷上化猪油，放上馒头，盖上盖，静置约 15min，再用大火沸水蒸约 20min 出笼。

二十一、高粱面窝头

1. 原料配方

高粱面 1000g，即发干酵母 1.2g，碱 1g，水 240～360g。

2. 操作要点

（1）和面　将高粱面与即发干酵母在和面机中混合均匀，加水搅拌 3～5min 至均匀、成团。

（2）发酵　将面团入面斗，在发酵室内发酵 2～3h，至稍显酸味。

（3）整形　将碱搅拌中和酸味后，取 50～100g 面团，手捏成上尖的圆锥形，从圆锥的底部用大拇指捏一个孔洞。放在蒸盘上，准备蒸制。

（4）蒸制　用蒸汽蒸制 20～30min，然后出蒸柜。

二十二、高粱面馒头

1. 原料配方

面粉 1000g，高粱面 470g，即发干酵母 3g，砂糖 30g，碱 1g，水 550～600g 左右。

2. 操作要点

（1）制作　面粉、高粱面、即发干酵母加入和面机混匀，将砂糖、碱分别分别溶解后加入，加水搅拌 6～10min，揉压 10 遍左右，刀切成型，排放托盘上蒸车。

（2）发酵、蒸制　在醒发室内醒发 50min，入柜蒸 20～30min。

二十三、荞麦馒头

1. 原料配方

面粉 1000g，荞麦粉 400～430g，即发干酵母 4g，水 570g 左右。

2. 操作要点

（1）制作　将面粉、荞麦粉、即发干酵母加入和面机混匀，加水搅拌 6～10min。揉压 5 遍左右，刀切成型，排放托盘上蒸车。

（2）发酵、蒸制　在醒发室内醒发 50min，入柜蒸 23～27min。

二十四、黄花馒头

1. 原料配方

面粉 1000g，鲜酵母 50g，鸡蛋 700～800g，白糖 500～550g。

2. 操作要点

（1）原料预处理　将白面粉放入盘内，置蒸锅上蒸熟，取出碾碎，用筛筛成细粉，备用。

（2）调制　将鸡蛋磕出，蛋黄和蛋白分别放入碗内，将蛋黄打烂，蛋白打起白沫后放入蛋黄内拌和，再加入蒸熟的干面粉，搅匀成糊状。

（3）和面 取小碗 10 只，小碗内壁抹上熟猪油，将鲜酵母放入小碗内，加 10℃温水少许，捏成稀糊状；面粉放入发面盆内，加清水 175g（水温：冬天 60℃，春、秋天 30℃，夏天 10℃），再加捏开的鲜酵母糊，和匀揉透，用布盖好，发酵 1h，以面发至面团松软为好。

（4）整形 将发酵面放在面板上（如有压面机，则放在压面机上），用双辊反复压数次，两辊之间空隙以 1.5cm 宽为宜，用手搓成长条，切成 10 个小面团，逐个捏成圆形馒头生坯，放在面板上静置、醒发片刻。

（5）蒸制 将蒸锅内清水烧沸，将馒头生坯排放在蒸格内湿纱布上，并放入蒸锅内，然后盖上锅盖，用大火蒸 30min，至熟取出。

二十五、肉丁馒头

1. 原料配方

面粉 1000g，食用碱 10g，香油 100g，葱花 200g，老面 300g，猪五花肉 500g，黄酱 200g，姜米 10g。

2. 操作要点

（1）和面 用老面 300g 和温水 500g 放入盆中，用手抓捏成稀浆，加入面粉和匀，揉成面团，发酵后，加入用水溶化的食用碱，揉匀，稍醒待用。

（2）制馅 将猪五花肉洗净切成肉丁，放入盆中，加入黄酱、香油、葱花和姜米拌匀成馅。

（3）包制 将面团搓成直径约 4cm 的圆条，扯成约 50g 重面剂，按扁，搓成圆片，放入馅料，包成桃形，剂口朝下，放入木模中按紧，脱模后取出，即成生坯。

（4）蒸制 将生坯摆入屉内，放在大火上蒸 15～20min 即为成品。

二十六、开花馒头

1. 原料配方

面粉 1000g，食用碱 5.5g，蜜青梅 14g，白糖 110g，老面 110g，纯碱 3g，蜜橘饼 55g，热猪油 110g。

2. 操作要点

（1）原料预处理　将蜜青梅、蜜橘饼切成小粒待用。

（2）和面　将面粉放入盆中，放入 500g 清水（冬天用温水）拌匀，加入老面揉匀，盖上发酵（发老一点为好）。

（3）整形　取发好面团，加入纯碱揉匀，再放入食用碱、热猪油和白糖揉至不粘手，静置一下后，撒少量干面粉，搓条，扯成 20 个面剂，逐个捏成馒头形，顶端划十字刀成生坯。

（4）蒸制　将生坯放到笼屉中，大火、沸水蒸约 10min，待馒头开花，将蜜青梅、蜜橘饼丁放在花心上，再蒸大约 5min 出笼即可。

二十七、蛋奶菠萝馒头

1. 原料配方

面粉 1000g，老面 660g、牛奶 330g，白糖 500g，纯碱 8g。

2. 操作要点

（1）和面　将面粉放入老面、牛奶、清水（500g）和均匀，搓揉成团，盖上面布发酵。

（2）整形　将发酵好的面团加入白糖、纯碱，揉匀、揉光滑，搓成长条，用刀在长条划出菠萝方块，再切成 3～4cm 的段。

（3）蒸制　将馒头生坯放入笼屉，大火、沸水蒸 10min，出笼即可。

二十八、玉米窝头

1. 原料配方

玉米面 1000g，糯米粉 100g，清水 600g，白糖 100g。

2. 操作要点

（1）面团调制、醒发 将玉米面、糯米粉、白糖混合，加适量热水搅拌均匀，反复揉至面团发光，用湿布盖好，醒约 30min。

（2）成形 将面团用手揉匀，搓成长条，挖成（或用刀切）均匀的剂子，揉成圆形，捏成窝窝头状成窝头生坯。

（3）蒸制 将蒸锅加盖后，用大火烧开，铺上屉布，码进窝头生坯，大火蒸 15min 即可。

二十九、红薯面窝头

1. 原料配方

红薯面 10kg、鲜红薯 1kg、白砂糖 0.8kg、水 2～3kg。

2. 操作要点

（1）原料预处理 将鲜红薯洗净，最好去皮，再视红薯个体大小，蒸锅中蒸制 15～25min，使其完全熟软。放入高速搅拌机，放入砂糖，将其打成薯泥备用。在鲜红薯难以购买的季节，也可以不加。

（2）和面 将红薯面和薯泥一起倒入和面机的容器内，然后加水搅拌大约 5～10min，使物料均匀一致、呈现面团状。

（3）整形 取 60～100g 面团，手捏成上尖的圆锥形，为了使成品看上去体积较大，并且蒸制时容易熟透，自圆锥的底部用大拇指捣捏一个孔洞。排放于蒸盘上，上架车。

（4）蒸制 整形后的窝头坯料推入蒸柜，0.03MPa 汽蒸 20～25min。

三十、高粱面窝头

（一）方法一

1. 原料配方

高粱面 10kg、即发干酵母 12g、碱 8～20g、水 2～4kg。

2. 操作要点

（1）和面 将高粱面与即发干酵母在和面机中混合均匀，加水搅拌 3～5min 至物料均匀、成团。

（2）发酵 将面团入面斗，在发酵室内发酵 2～3h，至稍显酸味。

（3）加碱、整形 加碱搅拌中和酸味后，取 50～100g 面团，手捏成上尖的圆锥形，为了使成品看上去体积较大，并且蒸制时容易熟透，自圆锥的底部用大拇指做凹洞。排放于蒸盘上，上架车。

（4）蒸制 推入蒸柜，0.03MPa 汽蒸 20～25min。出柜冷却包装。

（二）方法二

1. 原料配方

面粉 10kg、高粱面 5kg、即发干酵母 30g、砂糖 300g、碱 12g、水 6kg 左右。

2. 操作要点

（1）和面 面粉、高粱面、即发干酵母倒入和面机混匀，将砂糖、碱分别用水溶解后加入，加水搅拌 6～10min。

（2）压面 揉轧 10 遍左右，刀切成型。排放于托盘上蒸车。

（3）醒发 在醒发室内醒发 50min 左右。

（4）蒸制 入柜 0.03MPa 汽蒸 23～27min。冷却包装。

三十一、紫米面小枣窝头

1. 原料配方

紫米面 1000g、小红枣 300g、红糖 300g、糖桂花 40g。

2. 操作要点

（1）和面 将小红枣洗净，上笼蒸熟，用 10g 糖桂花拌匀。紫米面放入盆内，加入红糖、糖桂花，用温水和匀，揉成面团，分成 20 份。

（2）整形 取一份紫米面团，在两手中揉搓成圆球形，然后放在左手掌心，右手拇指在圆球面上钻 1 个小洞，右手拇指边钻洞，左手掌边配合右手指转动紫米面圆球，直至洞口由小渐大，由浅到深，把面球上端捏成尖形，成窝头形状。

（3）蒸制　将小红枣插嵌在窝头上，放入笼屉内蒸 25min 即成。

三十二、萝卜丝团子

1. 原料配方

玉米面 1200g、面粉 300g、豆面 150g、白萝卜 1500g、猪肉末 600g、麻油 150g、酱油 60g、葱末 60g、姜末 30g、精盐 24g、味精 9g、发酵粉适量。

2. 操作要点

（1）辅料预处理　将白萝卜洗净，用礤床把萝卜擦成丝。锅内放水，置火上烧沸后，下入萝卜丝焯一下捞出，用冷水冲凉，挤干水分。

（2）和面　将玉米面、面粉、豆面放入盆内，加入适量发酵粉拌匀，用温水和成面团，稍饧发一会儿。

（3）制馅　将炒锅置火上烧热，放入麻油少许，油热后把葱末、姜末下锅煸炒出香味，倒入猪肉末炒散，加入酱油、精盐、味精炒匀，晾凉后，加入萝卜丝，搅拌成馅心。

（4）包馅　将玉米面团分成 8 份，揉成小面团。取 1 份放在左手掌中，按成圆饼，制成小碗状，把萝卜丝馅心放入中间，左手和右手互相配合，将玉米面捏好包严。依照此方法逐个做完。

（5）蒸制　将笼屉内铺上屉布，把菜团生坯码入屉内，置大火沸水锅上蒸 20～30min 即熟。

三十三、合面菜团子

1. 原料配方

（1）皮料　精白面粉 600g，玉米面 400g，清水 500g，泡打粉 20g。

（2）馅料　干白菜 400g，猪油 100g，葱末 100g，猪瘦肉 60g，

水发海米 50g，姜末 50g，料酒 20g，酱油 20g，鸡精 10g，精盐 8g，味精 4g。

2. 操作要点

（1）原料处理　将干白菜泡软，然后挤去水分剁碎；猪瘦肉剁碎。

（2）面团调制　将精白面粉、玉米面、泡打粉放到容器内，搅拌均匀，用温水和成软面团，醒 10min。

（3）馅料调制　猪肉末内加入料酒、精盐、酱油、味精、鸡精、葱末、姜末、水发海米充分搅匀，再加入干白菜末、猪油拌匀成馅。

（4）制皮、包馅　将面团搓成长条，揪成 15 个大小均匀的剂子，按扁略擀，包进馅，团成球状。

（5）蒸制　团子生坯摆进蒸锅内，用大火足汽蒸 15min 至熟。

三十四、玉米面菜团子

1. 原料配方

（1）皮料　玉米面 1000g，泡打粉 20g，清水 600g。

（2）馅料　白菜 800g，猪瘦肉 600g，猪油 100g，葱末 70g，姜末 70g，香油 30g，酱油 20g，精盐 10g，味精 6g。

2. 操作要点

（1）原料处理　白菜剁碎，加 2g 盐稍微腌制，然后挤去水分；猪瘦肉剁碎。

（2）面团调制　用 1/3 玉米面和 1/3 的泡打粉拌匀，加开水和成烫面团，再加入其余的玉米面、泡打粉及凉水和匀。

（3）馅料调制　将猪肉末内加入葱末、姜末、精盐、酱油、味精调匀，再放入白菜末、猪油、香油搅匀成馅。

（4）制皮、包馅　把面团搓成长条，揪成 15 个大小均匀的剂子，按扁略擀，包入馅，收口包严团成圆球状菜团子生坯。

（5）蒸制　将制好的生坯摆入蒸锅内，用大火足汽蒸 15min 至熟。

第二节　花卷类

一、花卷

1. 原料配方

发酵面1000g，葱末70g，花生油33g，干面粉、碱水、盐各适量。

2. 操作要点

（1）和面　在面板上撒上干面粉，放上发酵面，再倒入碱水，揉匀揉透，搓成条，面板上再撒少许干面粉，用长面棍把面条前后、左右擀成0.5cm厚的长方形薄片，然后刷上花生油，撒上盐与葱末，从外向内卷成直径5cm粗的长条卷。

（2）整形　将卷拢的长条面卷，横切成10块，用1根筷子在面块的中间（顺着刀切方向）重压一下，使面卷两边向上翻起，稍拉长将两头翻压下面，用筷子压一下，使卷纹更清晰。

（3）蒸制　将花卷生坯放在已经刷过油的蒸格上，置沸水蒸锅内，盖上蒸锅盖，用大火蒸熟（约10min）取出。

二、麻花卷

（一）方法一

1. 原料配方

面粉10kg，花生油或豆油800g、椒盐面200g、酵母40g、碱水适量。

2. 操作要点

（1）和面、发酵　将面粉8.8kg倒入和面机的容器内，加入酵母混匀，加温水4.4kg，搅拌均匀。入发酵室发酵50min。

（2）加碱、压面　把发好的面团加入剩余面粉和碱水，和成延伸性良好的筋力面团。

（3）整形　把压好的面团分成400g左右的面块，揉轧10遍左右，再切成四块，每块轧成 3mm 厚的长条，刷一层油，撒上椒盐面，由外向里卷起，再搓成长条，下成质量为 50g 的小剂。或将面片叠成 5～10 折，下成小剂。将小剂逐个拿起，用双手拇指和中指上下对齐，用力一捏，再一扭，拧成麻花形状，摆于托盘上。

（4）醒发　将生坯入醒发室醒发 30～50min。

（5）蒸制　入柜用 0.03MPa 蒸汽汽蒸 20～22min。

（二）方法二

1. 原料配方

发酵面 1000g，花生油 40g，干面粉、碱水各适量。

2. 操作要点

（1）和面　在面板上撒干面粉，放上发酵面，加碱水揉匀、揉透，发面时必须注意气温和水温；发酵面加碱必须恰当，使酸、碱中和至中性，否则会影响制品的色泽和质量。

（2）整形　将和好的面团搓成条，用长棍擀成厚约 0.3cm 的长方形薄皮，刷上花生油，撒上少许干面粉，由外向内卷成卷。再搓匀成长条，横切成 10 个小面团。用双手的拇指和食指上下对齐，抓住两端向相反方向拧成螺旋形的长条，排放在蒸格上备用。

（3）蒸制　在置沸水的蒸锅上，用大火蒸大约 10min 后取出。

三、十字卷

1. 原料配方

面粉 10kg，植物油 1.2kg，干酵母 32g，碱水、精盐、花椒面各适量。

2. 操作要点

（1）和面　把面粉倒入和面机，与干酵母混匀，加 4.4kg 温水和成面团。入发酵室发酵 50min。

（2）加碱、揉面　把发好的面团加入碱水，和成延伸性良好的筋力面团。揉轧 10 遍左右。放于案板上刷一层油，撒上花椒面、精盐少许，再撒些扑粉，从上下各向中间对卷，呈双筒状。靠拢后，用刀切分开，切成质量为 25g 一个的面剂，并用筷子在中间压成十字形，即成生坯。

（3）醒发　将生坯装入托盘，入醒发室醒发 40min 左右。入柜用 0.03MPa 蒸汽蒸 12～15min，待蒸熟取出即可。

四、如意卷

1. 原料配方

面粉 10kg、干酵母 32g、熟猪油 200g、碱水适量。

2. 操作要点

（1）和面　把面粉倒入和面机，与干酵母混匀，加 4.8kg 温水和成面团。推入发酵室发酵 50min。

（2）加碱水、压面　把发好的面团加入碱水，和成延伸性良好的筋力面团。取 700g 面团，揉轧 10 遍左右，压成长约 20cm、厚 0.5cm、宽 12cm 的长方形面皮，用油刷抹猪油，由长方形的窄边向中间对卷成两个圆筒后，在合拢处抹清水少许，翻面，搓成直径 3cm 的圆条，用刀切成 40 个面段。

（3）蒸制　在蒸盘上抹上少许油，然后把 40 个面段立放于盘上，入醒发室醒发 30min。入柜用 0.03MPa 蒸汽蒸 12～15min，待蒸熟取出即可。

五、燕尾卷

1. 原料配方

面粉 10kg、干酵母 40g、豆油 0.8kg、碱水适量。

2. 操作要点

（1）和面　将面粉、干酵母倒入和面机内，再加温水 10kg 混合搅拌均匀。

（2）发酵　将调制好的面团推入发酵室发酵 50min。

（3）加碱水、压面　把发好的面团加入碱水，和成延伸性良好的筋力面团。揉轧 10 遍左右。放在案板上卷成长条，下一定规格的面剂，按扁，擀成直径 8cm 左右的圆饼，底部上刷一层油，稍撒薄面。对折两次，呈三角形，在弧形边上向里切两刀，用手捏住三角形的中部，在切口处用刀顶一下即成。

（4）醒发　将生坯装入托盘，推入醒发室内醒发 30min 左右。入柜用 0.03MPa 蒸汽蒸 12～15min，待蒸熟取出即可。

六、灯笼卷

1. 原料配方

面粉 10kg、花生油或豆油 0.66kg、干酵母 40g、水 4.2kg、碱水适量。

2. 操作要点

（1）和面　面粉 8kg 倒入和面机的容器内，再加入干酵母、温水混匀后再加入豆油搅拌均匀。放入发酵室发酵 50min 左右。

（2）加碱、压面　把发好的面团加入剩余面粉和碱水，和成延伸性良好的筋力面团。用揉面机揉轧 10 遍左右，轧成长方形薄片。

（3）整形　放在案板上，卷成长条，下成质量为 25g 的面剂，按扁，擀成圆饼，刷层油，撒些薄面，对折起来，用擀面杖擀一下，右手压住弧形的中间部分，左手的大拇指和食指夹住折叠的中间部分，向外平行拉一下即成。

（4）醒发　将生坯装入托盘，入醒发室醒发 20～30min。

（5）蒸制　发酵好后将坯料放入蒸柜中，用 0.03MPa 蒸汽蒸 12～15min，蒸熟后取出即可。

七、扇子卷

1. 原料配方

面粉 1000g、老面 100g、豆油 330g、温水 400g、碱水适量。

2. 操作要点

（1）和面　把面粉倒在盆内扒个坑，加入老面，用温水 400g 和适量的碱水和成发酵面团。揉匀，稍醒。

（2）整形　把醒好的面团取出，在案板上搓成长条，下成 25g 的面剂，按扁，擀成直径 6.5cm 的圆饼。表面刷一层豆油，撒上薄面，对折两次，呈三角形。用刀顺三角形顶端顺压成斜条形到头，如扇状。再用刀在三角形靠尖部横压一刀即可。

（3）醒发、蒸制　在发酵室内醒发 20～30min 后，把生坯摆入屉中，用大火蒸制 12～15min 即熟。

八、套环卷

1. 原料配方

面粉 10kg、香油 0.8kg、干酵母 40g、碱水适量。

2. 操作要点

（1）和面　将 8.8kg 面粉、干酵母倒入和面机，4.4kg 左右的温水，和成团，进行发酵。

（2）整形　待面发起时，加入剩余面粉和适量的碱水搅拌成延伸性好的面团。把面团揉轧 15 遍，轧成 5mm 左右厚的长方形面片，抹上一层油，从外向里卷成卷，略成扁形，用刀切成 50g 的面块。用刀在面块的中线处切一刀，两头不能切断，然后将面块拿在手里，将面块的一头由刀口处套翻过来，然后两手各拿面的一头，再略抻一下，即成套环卷的生坯。照此逐个做好。

（3）醒发、蒸制　整形后放入发酵室内醒发 20～40min，然后上柜大汽蒸熟。

九、银丝卷

（一）方法一

1. 原料配方

面粉 1000g，鲜酵母 50g，绵白糖 200g，熟猪油适量。

2. 操作要点

（1）和面　先将鲜酵母加少许温水，捏碎成糊状，面粉放发面盆内，加温水（夏天用凉水）200g 左右，和面揉至光滑，用布盖好，静置 2h 左右，待发起备用。

（2）整形　在面板上撒干面粉，放上发起的面团，加绵白糖揉匀，取一半搓成条，压扁，用长面棍拼成厚 0.2cm 的面皮，撒少许干面粉，先折叠成两层，撒上干面粉，再折叠，撒上干面粉，如此折叠成 7～8cm 宽的长条，用刀横切成面条，抖开理齐，刷上少许熟猪油，然后切成 8cm 长的面条，分成 10 份。又将另一半面团搓成条，切成 10 个面团，逐个压扁，形成厚 0.2cm、边长 10cm 的方形面皮，刷上少许熟猪油，放上 1 份面条，包成卷（两头也包好），包口朝下放面板上醒片刻，即称银丝卷生坯。

（3）蒸制　将回醒的银丝卷排放在蒸格内大火急蒸（约 10min）至熟，即可取出食用。

3．注意事项

（1）面不能和得太湿，否则擀皮难。

（2）面皮在折叠时，必须层层撒干面粉，使制品丝丝分清。

（3）银丝卷好后，要静置醒面。

（二）方法二

1．原料配方

面粉 1000g、清水 450g、白糖 180g、老面 130g、猪油 50g、香油 25g、食用碱 8g。

2．操作要点

（1）面团调制　将老面放入容器内，用温水溶开，加入面粉和成面团。

（2）发酵　调好的面团盖上湿布静置发酵，发酵至原来体积 2 倍大就可以了。

（3）对碱　食用碱用少量温水化开，与白糖一同揉入发酵的面团内，揉制均匀。

（4）成形　面团搓成长条，用抻面的方法拉抻八九扣，抻好放案板上松散开。猪油和香油拌匀，面条上涂油要均匀，面条才能分开不黏结。刷在面丝上，切成 10 段。抻面剩下的面头揉好，揪成 10 个剂子，每个剂子擀成椭圆形面皮，擀面皮时要四周薄、中间厚。而且皮子要裹得紧一点。各包入一段面丝，卷好包严。馅心面要稍软，皮面略硬一点儿。

（5）醒发　成型后盖上湿布醒发 10～15min，生坯要醒足，成品才会白净饱满。

（6）蒸制　蒸锅加凉水，铺上屉布，码入花卷生坯，大火烧开后，转小火蒸 20min，关火 3min 后取出即可。

十、余叶卷

1. 原料配方

面粉 1000g、发面 1870g、豆油 250g、碱水适量。

2. 操作要点

（1）和面　把面粉倒在案板上，扒个坑，加发面，用温水425g 与适量碱水，和成面团。揉匀，稍醒。

（2）整形　把醒好的面团搓成长条，下成质量为 20～25g 的面剂，按扁，擀成圆饼，刷油撒薄面，对折起来。在弧的 1/3 处向面坯的尖部切一刀，长度为 1/2 左右。左手的拇指和食指按住半圆形的横头，右手用刀背向弧形的中间顶一下即成。

（3）醒发　整形好的花卷坯料醒发 30min 左右，把生坯摆入屉内，用大火蒸制 10～15min 即熟。

十一、莲蓬卷

1. 原料配方

面粉 1000g、发面 175kg、豆油 250g、碱水适量。

2. 操作要点

（1）和面　将面粉倒在盆内扒个坑，加发面，用 375g 温水与适量碱水和成面团。揉匀，稍醒。

（2）整形　把醒好的面团取出，放在案板上，搓成长条，下成质量为 25g 的面剂。把面剂按扁。擀成圆饼，刷一层油，撒点薄面，对叠两次，呈三角形。然后用左手四指按住靠弧形的位置，用右手拿刀，在弧形外面向里平顶一下使弧形边成一个檐形。再用刀向里顶六刀，在角处按扇形划成细道，用刀背在角处横压一下即成。

（3）醒发、蒸制　醒发 15min，然后把生坯摆进屉内，用大火蒸制 12～15min 即熟。

十二、肉松卷

1. 原料配方

面粉 1000g、肉松 160g、色拉油 80g、即发干酵母 3g、碱适量、水 440g。

2. 操作要点

（1）和面　将面粉和酵母倒入和面机，搅匀。碱溶解于水，加入面粉中，搅拌 12min 左右，至面团的筋力形成，并得到延伸。倒面团入面斗车，推到发酵室发酵 50～60min，至面团完全发起为止。

（2）揉面　将发好的面团在揉面机上揉轧 10 遍左右，轧成 5mm 厚薄片。

（3）整形　摊于案板上，刷上色拉油，撒上肉松。自一边卷起，搓成直径 3cm 的长条。刀切成 4cm 的段，上表面刷一些水，再撒少许肉松。放于托盘上，上架车。

（4）醒发、蒸制　将整形好的面坯以及推车一起送进醒发室醒发 40～60min 后，推进蒸柜内，在 0.03～0.04MPa 的蒸汽压力下蒸 22～25min 即熟。

十三、马鞍卷

1. 原料配方

面粉 10kg，干酵母 40g，碱 200g，小磨香油、精盐各适量。

2. 操作要点

（1）和面　将面粉与干酵母掺在一起，加温水用和面机和好和匀。把面团发起，兑适量碱水，搅拌至面筋延伸。

（2）压面　揉轧面团 10 遍左右，成光滑细腻、厚约 0.3cm 的长方形薄片。案板上撒少许面粉，将面片放上，均匀地抹少许油，撒少许盐。用双手托起面片，由外向里叠 3～4 层，卷成直径约 5cm 的圆柱，切成宽 4cm 的段，用手拉长再卷起来，用筷子在中间压一凹槽，成马鞍形，做成马鞍卷生坯。

（3）醒发、蒸制 将马鞍卷生坯装入托盘，置于醒发室醒发60～80min，入柜用 0.03MPa 蒸汽蒸 27～30min，待蒸熟取出即可。

十四、荷叶卷

1. 原料配方

面粉 1000g，老面 100g，水 500g，碱、植物油、精盐各适量。

2. 操作要点

（1）和面、发酵 将老面、水、面粉混合均匀，静置发酵。待酵面发起后，加入碱混合均匀，再稍微发酵 5min。

（2）整形 将面团搓成长条，按每个 25g 揪成面剂，擀成直径约 8cm、薄厚均匀的圆饼，刷油、撒盐、对折，再刷油、撒盐、对折（即成扇形），用竹尺在尖头处划上花纹（或用木梳压上花纹），再划上放射形的直纹，然后围绕扇形的弧，用尺向上挤上 2～3 个凹口，使四周边沿立起，呈荷叶卷状。或用刀切两刀，挤成花卷也可。

（3）醒发 将整形后的坯料推入发酵箱内，继续醒发 30min 左右。

（4）蒸制 醒发好后，把生坯摆入屉内，用大火蒸熟即可。

十五、荷叶夹

1. 原料配方

面粉 1000g、热水 600g、白糖 50g、化猪油 50g、精炼油 40g、即发干酵母 2g、泡打粉 14g。

2. 操作要点

（1）和面 面粉加入即发干酵母、泡打粉拌匀置于案板上，用手刨成"凹"形。白糖加热水溶化，加入面粉中和成面团，然后加化猪油揉匀揉透，盖上湿毛巾静置 10min。和面时也可以添加椒盐、葱油等。

（2）整形　将面团取出，用擀面杖擀成长方形薄片，折叠后再次擀成薄片，反复几次，直到面皮光滑，然后喷上一层水，由外向内卷成圆筒，搓成长条，扯成面剂，撒上少许干面粉。取一面剂用手按扁成一圆饼，刷上少许精炼油对折成半月形，用左手捏住圆心处，用梳子压三道放射状浅痕（以圆心为起点），再在弧边上向圆心方向推 3 个凹口即成，放入刷油的蒸笼内，放置醒面约 30min。整形时根据需要掌握好造型手法，也可折叠两次成一扇形后造型等。

（3）醒发　酵母发酵面团成形后必须充分醒发后才能成熟。

（4）蒸制　蒸制时火力旺、蒸汽足。用大火将水烧开，然后蒸 6～10min 就熟透了。

十六、双色卷

1. 原料配方

面粉 1000g，老面 100g，豆沙馅、甜什锦馅、碱各适量。

2. 操作要点

（1）和面　将老面用水解开，加面粉和成面团，静置发酵。

（2）整形　在面团发起后，兑碱揉匀，擀成矩形薄片，一边抹上豆沙馅，向中间卷起一半，将另一边铺上甜什锦馅，向中间卷到豆沙卷即可。

（3）蒸制　将生坯摆入屉内，用大火蒸约 15min 即熟，取出切成适当长短的段即为成品。

十七、芝麻酱卷

1. 原料配方

面粉 1000g、芝麻酱 200g、精盐 20g、即发干酵母 3g、水 440g、碱适量。

2. 操作要点

（1）和面　面粉和即发干酵母倒入和面机，搅匀。精盐、碱分别溶解于水，加入面粉中，搅拌 12min 左右，至面团的筋力形成，并得到延伸。倒面团入面斗车，推入发酵室发酵 60min 左右，面团完全发起为止。

（2）整形　将发好的面团在揉面机上揉轧 10 遍左右，轧成 3mm 厚薄片。摊于案板上，刷上芝麻酱，撒匀精盐和薄面。自一边卷起，搓成直径 3cm 的长条。刀切成 4cm 的段，两段叠压在一起，用筷子在中间压条深印。接口朝下放于托盘上，上架车。

（3）发酵　推车进醒发室，醒发 40～60min，推入蒸柜，0.03～0.04MPa 蒸汽下汽蒸 25～30min。

十八、椒盐花卷

1. 原料配方

精粉 1000g，苏打 10g，精盐 20g，熟菜油 10g，老面 100g，清水 5000g，花椒粉 20g。

2. 操作要点

（1）和面　在面粉中加入老面和清水反复揉匀，发酵至略嫩取出加入苏打水反复揉匀，盖上干净布，静置 10 余分钟。

（2）整形　将面团擀成厚约 2cm 长方形面片，刷上熟油，撒上花椒粉和精盐，两手拎起前方两边沿向内裹卷，卷紧后，搓成均匀的圆条，用刀直切成 40 个面剂。

（3）蒸制　在蒸笼格刷上油，两手捏住面剂无刀口的两边，向两端略拉，扭转，交拢，摆入笼中，用大火沸水蒸制 20min 即成。

十九、玫瑰花卷

1. 原料配方

面粉 1000g，苏打 10g，猪油 50g，白糖 250g，老面 100g，清水 500g，蜜樱桃 60g。

2. 操作要点

（1）和面　在面粉中加入老面和清水反复揉匀成光洁面团，用纱布盖上发酵，约 2h 后取出，加入白糖 100g，与猪油、苏打水揉匀后，盖上湿布，静置 20min 待用。

53

（2）制馅　在蜜樱桃中加入少量食用红色素，与白糖和匀成馅。

（3）整形　将面团擀成长方形面片，抹上玫瑰，拎起面片前方边沿向内裹卷，搓成均匀圆条，利刀直切成 40 个面剂。

（4）蒸制　用两手捏住无刀口的两边翻卷成花卷，摆入刷油后的蒸笼中。大火沸水蒸制约 20min 即成。

二十、红枣花卷

1. 原料配方

面粉 1000g、热水 600g、生猪板油 400g、红枣 200g、白糖 50g、蜜玫瑰 40g、化猪油 30g、即发干酵母 2g、泡打粉 14g。

2. 操作要点

（1）和面　面粉加入即发干酵母、泡打粉拌匀置于案板上，用手刨成"凹"形。白糖加热水溶化，加入面粉中和成面团，然后加化猪油揉匀揉透，盖上湿毛巾静置 10min。

（2）红枣预处理　红枣去核，切成细末，蜜玫瑰剁细。生猪板油撕去油皮，用刀剁成蓉，与红枣、蜜玫瑰一起拌匀即成油蓉。

（3）整形　案板上撒上少许干面粉，将面团取出，用擀面杖擀成长方形薄片，折叠后再次擀成薄片，反复几次，将面团擀成表面光滑、厚约 0.5cm 的长方形面皮，抹上油蓉，卷成圆筒，用刀横条切深度为 1/2、宽度为 0.5cm 的花刀，分割面剂，取一面剂，用手捏住两端轻轻拉长，再叠成"日"字形即成。

（4）醒发　放进刷油的蒸笼内，放置醒发约 30min。酵母发面团成形后必须充分醒发后才能成熟。

（5）蒸制　将水烧开，大火蒸制 12min 即熟。

二十一、四喜花卷

1. 原料配方

面粉 1000g、温水 450g、白砂糖 150g、食用油 150g、青豆 100g、水发香菇 100g、炼乳 100g、甜玉米 100g、火腿 60g、干酵

母 8g、泡打粉 8g。

2. 操作要点

（1）原料处理　将青豆、甜玉米、火腿和水发香菇清洗干净，然后分别切成碎粒，但配料不宜切得过细，准备待用。

（2）面团调制、醒发　将面粉入盆，放干酵母、泡打粉、白糖掺和均匀后，加炼乳和适量温水和成软硬适度的面团，面团放入盆中，盖上保鲜膜，醒发至原体积 2 倍大。

（3）成型　将发好的面团揉匀，至完全排气，擀成长方形薄片，均匀地刷上一层食用油，分别撒上青豆末、玉米末、香菇末和火腿末，从两边分别向中间卷起成双卷形，横切成等份的方枕剂子。然后在剂子的背面顺切一刀，不要切断，使底层坯皮相连，接着从刀口处向两边向下翻出，刀口朝上即成四喜花卷生坯。生坯做好后静置时间不宜过长，否则形态较差。

（4）醒发、蒸制　先将蒸锅加入凉水，再铺上屉布，码入花卷生坯，盖上湿布再次醒发 15min。

（5）蒸制　醒发好后，先用大火烧开，然后转小火蒸 15min 即可。

二十二、葱香花卷

1. 原料配方

酵面 1000g，香油 30g，细盐 16g，发酵粉 2 匙，碱水 2 匙，花椒粉 10g，葱花 30g。

2. 操作要点

（1）和面　将已发好的酵面，加 2 匙左右碱水揉匀后，再加 2 匙发酵粉揉匀揉透。酵面尽量发得足一些，吃碱须准，发酵粉放入后须立即做，不要久放不蒸而影响松软。

（2）包馅　将酵面用手揿扁，再用擀棒擀成 0.3cm 厚的长方形，随后用干净笔刷在上面刷上一层香油，均匀地撒上葱花、花椒粉和细盐（如果要加馅心，此时可均匀地铺在上面），随后用双手从外向里把酵面卷拢，再搓成直径约 3cm 的长条，接着用刀从左向右切成 60 个小段，边切边把小段前后交叉放开，以免粘牢。切好后把小段拉长，用筷子在上面居中揿一凹槽，边揿边从外向里卷起，使层次朝上，即成生坯。

（3）蒸制　包馅好的坯料上笼后用大火沸水蒸 15min 左右。上笼时，水不沸不能上蒸，以免蒸僵，但也不要蒸过头。见花层开裂，有弹性即熟。

二十三、葱油花卷

1. 原料配方

面粉 1000g、清水 450g、植物油 100g、小葱 80g、干酵母 10g、盐适量。

2. 操作要点

（1）和面　干酵母用适量温水化开。将面粉、活化好的酵母倒入和面机容器内，再加入加适量温水，调制成面团。

（2）发酵　和好的面团盖湿布静置发酵，发酵至原来体积 2 倍大。

（3）整形　将发酵好的面团用手揉匀，至面团内无气泡，再将面团分成四等份，每份都擀成长方形薄片，但面皮不要擀得太薄，否则影响生坯起发效果。均匀撒一层盐，用擀面杖轻擀一下，用手抹一层植物油，然后均匀撒一层葱花。从长的一边将面片卷起，两端收紧口，分割成均匀八等份。取一个剂子按扁，沿切口方向抻长，再折三折，用筷子在中间压一下，再用手把底部两端并拢捏紧即可，其余剂子也按此法成型。

（4）醒发　花卷生坯盖上湿布后醒发 20min。

（5）蒸制　蒸锅加凉水，铺上屉布，码入花卷生坯，大火烧开后，转小火蒸 8min，关火 3min 后取出即可。

二十四、葱油折叠卷

1. 原料配方

面粉 10kg、老面 1kg、葱花 600g、温水 5kg、豆油 250kg、精

盐 150g、碱水适量。

2. 操作要点

（1）和面 将面粉倒入和面机的容器内，再加入老面和 5kg 的温水，再加入适量碱水，搅拌均匀，和成发酵面团。稍醒发。

（2）整形 将面团分成面块，揉轧 15 遍，成长方片，刷上豆油，并均匀地撒上葱花、精盐和薄面。再从上下各向中间对卷，呈双筒状。靠拢后，用刀分开，再切成 100g 一个的面剂，用双手大拇指在生坯中间按一下，稍抻，并叠起来，稍按。让两边的花向上翻起即成。

（3）醒发 将整形后的坯料摆放在蒸盘上，然后上架车，推入发酵室醒发 60～70min。

（4）蒸制 将醒发好的坯料和架子车一起推入蒸柜，在0.03～0.04MPa 蒸汽压力下蒸制 20～30min 即熟。

二十五、金钩鸡丝卷

1. 原料配方

面粉 1000g、老面 100g、白糖 50g、热水 600g、小苏打 10g、化猪油 30g、食盐 10g、金钩 50g、色拉油 40g。

2. 操作要点

（1）和面 面粉置于案板上，用手刨成"凹"形，加入老面、热水、白糖揉匀揉透，盖上湿毛巾静置，使之发酵。发好后加入适量小苏打、化猪油，揉匀，盖上湿毛巾继续静置 10min。金钩剁成细末。

（2）整形 案板上撒上少许干面粉，将面团擀成 0.5cm 厚的长方形面皮，刷上一层油，均匀地撒上食盐和金钩末，然后卷成圆筒，搓成细条，用刀切成 6cm 长的段，然后每段切成丝，抄成一束，用手捏住面剂两头，向两侧反方向拧一圈即成生坯，放入刷油的蒸笼内，刷油不宜过多。

（3）蒸制 用大火将水烧开，蒸制时一气呵成，蒸约 12min 就熟了。

二十六、蒸高粱面卷

1. 原料配方

高粱面 1000g、榆皮面 20g。

2. 操作要点

（1）烫面　将高粱面、榆皮面放入盆内，加入开水 300g，用筷子搅拌均匀后，将面团揉匀，盖上湿布，防止干皮。

（2）整形、蒸制　将面团搓成条，揪成 3～5g 的小剂，放在用细荞秆制成的箅子上，用小铁铲顺纹逐个捻捄成花皮小卷，放入屉内蒸熟即可。

二十七、南瓜蝴蝶卷

1. 原料配方

面粉 1000g、去皮南瓜 250g、温水 350g、干酵母 2g。

2. 操作要点

（1）原料处理　将去皮南瓜切块蒸熟，蒸软，用勺子压成泥。干酵母用温水化开，南瓜泥加入化开的酵母水搅拌均匀。

（2）面团调制、醒发　将南瓜酵母水加进面粉中拌匀，揉成面团放入盆中，盖上保鲜膜，醒发至原体积 2 倍大。

（3）成形　将发好的面团揉制均匀，等到完全排气，再搓成长条，分割成剂子。取一份面剂搓成粗细均匀的长条，由两端同时向中间盘卷。卷至两圆圈相对，中间再留出一节做蝴蝶角。用筷子将两个面卷的中间夹紧，再用手在筷子中间的面卷上按一下，定好型。用刀把蝴蝶的触角切开，用手搓细，即成蝴蝶生坯。

（4）醒发、蒸制　先将蒸锅加入凉水，再铺上屉布，码入花卷生坯，盖上湿布醒发 15min 左右。大火烧开后，转小火蒸 5min 即可。

二十八、芝麻盐马蹄卷

1. 原料配方

面粉 10kg，干酵母 32g，花生油 400g，碱水、芝麻、精盐各适量。

2. 操作要点

（1）原料预处理　把芝麻炒熟，擀碎与精盐拌在一起备用。

（2）和面　把 8kg 面粉倒入和面机，与干酵母拌匀。加入温水 8kg，和成面团，揉匀，发酵 50min。

（3）加碱、压面　发好的面团加入剩余面粉和碱水，和成延伸性良好的筋力面团。用揉面机揉压 10 遍左右，成光滑细腻、厚约0.3cm 的长方形薄片。

（4）整形　放在案板上，刷一层油，抹上麻盐与扑粉，从上下向中间对卷，呈双筒状。靠拢后，用刀把条分开，用水将边粘住。用刀横切成 25g 重的面剂，用双手大拇指和食指横夹住中间部分，使两侧刀切处连在一起。再用双手拿住两头，稍抻，长约 10cm，向中间揪成马蹄状即可。

（5）醒发、蒸制　将生坯装入托盘，置于醒发室醒发 40～60min，入柜用 0.03MPa 蒸汽蒸 15～18min，待蒸熟取出即可。

第三节　蒸糕类

一、蜂糕

1. 原料配方

面粉 1000g，温水 1000g，白糖 400g，红枣 100～200g，植物油 1000g，老面 200g，食碱适量。

2. 操作要点

（1）预处理　先将面粉加温水 600g 和好，加入老面揉匀，使其发酵。用温水将红枣泡洗干净。

（2）和面　将发好的面加食碱和匀，随后酵面中间挖开放入白糖，反复调和至白糖完全溶入酵面。

（3）醒发　取清洁金属食品模子或碗数个，里面刷上油。把酵面分放到盆内，上面用布盖好，放在温度较高的地方醒发一会儿后，撒上枣。

(4) 蒸制　上笼后，用大火沸水蒸 20min 左右，用筷子插入再抽出，如糕不粘筷子，即熟。

二、千层糕

1. 原料配方

面粉 1000g，老面 300g，温水 500g，白糖 50g，板油 250g，桂花 25g，葡萄干、青梅、红樱桃、瓜子仁少许、碱水适量。

2. 操作要点

(1) 和面　将面粉倒入盆内，加老面、温水 500g，和成发酵面团。稍饧后加入白糖 50g，碱水适量，揉匀待用。

(2) 整形　把面团擀成 16cm 宽、66cm 长的面皮。将白糖、板油、桂花搓成的脂油馅撒在擀好的面皮上，再从长的一头叠成 16cm 宽，一直叠到头，再用手轻轻按成长约 2.5cm 厚的长方形条。

将青梅切成小丁，码在条面上。把葡萄干、红樱桃沿糕边各码一行，间距为一指，在每个青梅、葡萄干、红樱桃周围再放一圈瓜子仁，呈一朵花形。

(3) 蒸制　把生坯摆入屉内，用大火蒸约 40min，蒸熟取下。晾凉后切成 8cm 见方块，码于盘中即可。

三、八珍糕

1. 原料配方

炒糯米粉 10kg、绵白糖 10.5kg、炒山药 0.666kg、炒莲子肉 0.666kg、炒芡实 0.666kg、茯苓 0.666kg、炒扁豆 0.666kg、薏米仁 0.666kg、砂仁 80g、食用油适量。

2. 操作要点

(1) 制湿糖　提前一天将绵白糖和适量的水搅溶，成糖浆状，再加入油，制成湿糖。

（2）擦粉 先将炒糯米粉同中药材经粉碎机碾成细粉，然后按量和湿糖拌和后倒入擦糕机擦匀，去筛（炒糯米粉需陈粉，如是现磨粉则需用含水量高的食物拌和，存放数天，使粉粒均匀吸水后方可用）。

（3）成型 坯料拌成，随即入模。将坯料填平，均匀有序地压实，用标尺在锡盘内切成五条。

（4）炖糕 将锡盘放入蒸汽灶内蒸制，经 3～5min 即可取出。将糕模取出倒置于案板上分清底面，竖起堆码，然后进行复蒸。

（5）切糕 隔天将糕坯入切糕机按规格要求进行切片。

四、三层糕

1. 原料配方

鸡蛋 1000g，白糖 1000g，熟面粉 900g，澄沙馅 500g，青梅、瓜子仁、葡萄干各适量，红色素少许。

2. 操作要点

（1）搅拌 将鸡蛋磕开，把蛋清、蛋黄分别盛在两个盆内，先把白糖倒入蛋黄内搅匀，再把蛋清抽打成泡沫也倒入蛋黄内搅匀，最后倒入熟面粉，搅成蛋糊。

（2）第一次蒸制 把木框放在屉上，铺上屉布，先把蛋糊倒入一半，上屉蒸制，蒸熟后取下，铺上澄沙馅。

（3）第二次蒸制 把另一半蛋糊加红色素，倒在澄沙馅上，并撒上青梅、葡萄干、瓜子仁，上屉蒸约 20min 即熟。取下，待晾凉后，切块，码入盘内即可。

五、玉带糕

1. 原料配方

熟面粉 1000g，鸡蛋 1400g，白糖 1400g，澄沙馅 1100g，青梅 40g，葡萄干 30g，红丝、香油各适量。

2. 操作要点

（1）调糊 将鸡蛋磕开，把蛋清、蛋黄分别盛入两个碗内，先把白糖倒入蛋黄内，搅匀，再把蛋清抽打成泡沫也倒入蛋黄内，搅匀，最后倒入熟面粉，搅成蛋糊。

（2）蒸制　把木框放在屉内，铺上屉布，倒入二分之一蛋糊，用大火蒸约 15min 取下，铺上用香油调好的澄沙馅，再倒入剩余的蛋糊，在糕的表面用青梅、葡萄干、红丝码成花卉形，再蒸约 20min，即熟，晾凉后切成宽 3cm、长 10cm 的条，码于盘内即可。

六、月亮糕

1. 原料配方

鸡蛋 1000g，白糖 1000g，面粉 700g，香菜叶 100g，青梅末 100g，猪油、红色素、淀粉各适量。

2. 操作要点

（1）调糊　将淀粉倒入碗内，加凉水适量调开，再磕开一个鸡蛋倒入，放少许红色素，搅成稀糊，把勺烧热，倒入稀糊晃动，呈圆形蛋皮待用。

（2）拌粉　将鸡蛋磕开，把蛋清、蛋黄分别盛入两个碗内，先把白糖倒进蛋黄碗内进行搅匀，再把蛋清抽打成泡沫倒入蛋黄内搅匀，最后倒入面粉，搅成蛋糊。

（3）整形　把小瓷碟放在屉内，稍刷一层猪油，把已拌好的蛋糊倒入小碟（倒入半碟），然后将香菜叶、青梅末在蛋糊上码成花卉状，再将蛋皮用铁梅花模压成花卉，镶成花卉形状即可。

（4）蒸制　蒸锅上汽后立即进行上锅蒸制，蒸汽不宜过大，以免走形，蒸约 25min 即熟。取下晾凉，用馅匙沿小碟底边转一周即可取下。

七、荸荠糕

1. 原料配方

荸荠粉 10kg，白砂糖 20kg，冰糖 2kg，花生油 400g，食盐、水各适量。

2. 操作要点

（1）荸荠粉浆制备　将荸荠粉放在盆里，加少量清水，搅拌均匀，然后再次加入清水适量，拌成粉浆，用纱布过滤后，放在盆内，备用。

（2）糊浆制备　将白糖、冰糖加清水适量，搅拌煮至溶解，用纱布过滤，再次煮沸，然后冲入粉浆中；在冲入过程中要不断搅拌，冲完后仍要搅拌一会儿，使它均匀而且有韧性，成半生半熟的糊浆。蒸马蹄糕的关键在于烫生浆粉的水温，大约在 80℃ 最佳。如果生浆倒入后马上结成透明疙瘩状，说明水温过高，烫得过熟。如果还是白色糊状，说明水温过低，烫得太生。糊浆呈半透明状为最佳。

（3）成型　在方盘上轻抹一层油，并将糊浆缓慢倒入其中。

（4）蒸制　将方盘放到蒸笼用中火蒸 20min 即成。

（5）冷却、分块　待糕冷却后，切成块，即可食用。

八、高粱糕

（一）方法一

1. 原料配方

黏高粱面 1000g、红小豆 1000g、白糖 800g。

2. 操作要点

（1）烧水　蒸锅内放入清水，用大火烧开，笼屉中铺上干净屉布，置于锅上。

（2）蒸制　红小豆选好洗干净，撒入屉内，抹平，上面撒一层黏高粱面，抹平，用大火蒸熟。

揭开蒸笼盖，撒入一层红小豆，再撒入一层黏高粱面，仍用大火蒸锅。如此，用完所有红小豆和面料，最上一层为红小豆，用开水旺火蒸熟，熟后离火，倒在案板上，用刀切成片状，卷上白糖装盘即成。

（二）方法二

1. 原料配方

黏高粱米 1000g，豆沙馅 500g，白糖适量。

2. 操作要点

（1）蒸制　将黏高粱米洗净，加适量水，上笼蒸熟。

（2）整形　取 2 个瓷盘，取一半黏高粱米饭放入盘内铺平，用手压成 2~3cm 的片状，剩下的黏高粱米饭放另一盘内压好。

（3）切分　把压好的黏高粱米饭扣在案板上，用刀抹一下，再铺抹上厚薄均匀的豆沙馅，然后将另一半黏高粱米饭扣在豆沙馅上，再用刀抹平，吃时用刀切成菱形块，放入盘内，撒上白糖即成。

九、紫米糕

1. 原料配方

紫米 1000g、糯米 660g、熟莲子 500g、青梅 100g、山楂糕 100g、瓜仁 50g、桂花酱 30g、白糖 330g、熟植物油 160g。

2. 操作要点

（1）蒸制　将紫米、糯米淘洗干净，分别泡 30min。锅置火上，放入清水烧沸，下入清水烧沸，下入紫米煮到稍软后，再下入糯米同煮 5min，捞在屉布上，入蒸锅蒸 30min，取出拌入白糖、熟植物油，再回锅蒸 20min 备用。

（2）揉和　紫米和糯米蒸熟后，下屉用湿布揉匀，加入桂花酱再揉透，即成米糕。

（3）撒配料　将莲子、山楂糕、青梅均切成小丁。将揉好的米糕放入抹过油的盘中，上面撒上青梅、山楂糕、莲子丁及瓜仁，用物压实放入冰箱，吃时取出切成小块即成。

3. 注意事项

煮米水要多，否则乱汤。紫米饭蒸好后要揉匀揉透。

十、绿豆糕

（一）方法一

1. 原料配方

绿豆粉 1000g、绵白糖或白糖粉 850g、糖桂花 18g、食用红色素适量。

2. 操作要点

（1）拌粉　将糖粉放到和面机里，倒入少许水稀释后的糖桂花进行搅拌，然后再加入绿豆粉，搅拌均匀，倒出过 80 目筛子，就成为糕粉（松散但能捏成团为好）。

（2）成型　在蒸屉上铺好纸，将糕粉平铺在抽屉里，用平板推平表面，约 1cm 厚；再筛上一层糕粉，然用用纸盖好糕粉，用滚筒压平糕粉；然后去除抽屉边上的浮粉，用刀切成 4cm×4cm 的正方块。

（3）蒸制　将装好糕粉的蒸屉四角垫起，放入蒸锅内封严。把水烧开，蒸 15min 后取出，在每小块制品顶面中间，用适当稀释溶化的食用红色素液打一点红。

（4）晾凉　然后将每屉分别平扣在案板上，冷却后就为成品。

（二）方法二

1. 原料配方

绿豆粉 13kg，白糖粉 13kg，炒糯米粉 2kg，面粉 1kg，菜油 6kg，猪油 2kg，凉开水、食用黄色素各适量。

2. 操作要点

（1）顶粉　绿豆粉 3kg，面粉 1kg，白糖粉 3.2kg，猪油 2kg，食用黄色素适量加适量凉开水和成湿粉状。

（2）底粉　绿豆粉 10kg，炒糯米粉 2kg，白糖粉 9.8kg，菜油 6kg，加适量凉开水和成湿粉状。

（3）把筛好的面粉撒在印模里，再把顶粉和底粉按一定比例分别倒入印模里，用劲压紧刮平，倒入蒸屉，蒸熟即可。

十一、云片糕

1. 原料配方

糯米 10kg，白糖 12kg，猪油 0.75kg，饴糖 0.5kg，蜂蜜桂花糖 0.5kg，花生油、盐各适量。

2. 操作要点

（1）炒制　除杂后的糯米先用 35℃的温水洗干净，使糯米适当吸收水分，再用50℃的水洗。放在大竹箕内堆垛1h，然后摊开，经约8h后，将米晾干。用筛子筛去碎米。以1kg米用4kg粗沙炒熟。炒时加入少量花生油，不应有生硬米心和变色的焦煳的米粒，最后过筛，炒好的糯米呈圆形，不能开花。

（2）润糖　需提前进行，一般在前一天将白糖、馅糖、水拌和均匀，放入缸中，使其互相浸透，一般糖与水的比例为100：15。应将沸水浇在糖上，搅拌均匀成糖浆。

（3）搓糕　将糕粉倒在案板上，中间做成凹形，然后加入糖浆，用双手充分搓揉。搓糕时动作要迅速，若搓慢了会使糕粉局部因吃透湿糖中的水分而发生膨胀，导致糕的松软度不一。如有搅拌机，可在机器内充分混合，将糕粉盖上湿布，静置一段时间，使糕粉变得柔软。

（4）打糕　先用蜂蜜桂花糖拌上少量糕粉打成芯子，再在四周捞入其他余料打成糕。用木方子打紧后，放入铝模或不锈钢盘内铺平，用压糕机压平。

（5）炖糕　将压好的糕坯切成四条，再用铜镜将表面压平，连同糕模放入热水锅内炖制。当水温50～60℃时，炖制5～6min取出；水温在80～90℃时，炖制为1.5～2min。炖糕的作用是使糕粉中的淀粉糊化，与糖分粘连形成糕坯。炖糕时，要求掌握好时间和水温，若温度高，炖糕时间过长，糕坯中糖分融化过度，会使产品过于板结，反之，使产品太松。糕粉遇热气而黏性增强，糕坯成型后即可出锅，倒置于台板上，然后糕底与糕底并合，紧贴模底的为面，另一面为底。将糕坯竖起堆码，一般待当天生产的所有糕坯全部炖完后，集中进行复蒸。

（6）蒸制　把定型的糕坯相隔一定距离竖在蒸格上，加盖蒸制。目的是使蒸汽渗入内部，使粉粒糊化和黏结。蒸格离水面不要太近，以防水溅于糕坯上。水微开，约15min即可。

（7）切片、包装　复蒸后，撒少许熟干面，趁热用铜镜把糕条上下及四边平整美化，装入不透风的木箱内，用干净布盖严密，放置24h，目的是为了使糕坯充分吸收水分，以保持质地柔润和防止

污染霉变,隔日切片,随切随即包装。云片糕大小一般为 6cm×
1.2cm,薄片厚度小于 1mm,一般 25cm 长的糕能切 280 片以上。
包装后即成产品。

十二、蒸锅垒

1.原料配方

玉米面 1000g、面粉 400g、苹果 2000g、白糖 400g、山楂糕条
200g、玫瑰丝、什锦果脯各适量。

2.操作要点

(1)调制面团　将苹果洗净,削去果皮,擦成苹果丝。把苹果
丝放入盆内,加入玉米面、面粉,搅拌均匀。

(2)蒸制　将笼屉内铺上屉,把苹果丝面倒在屉布上铺平。把
玫瑰丝、山楂糕条、什锦果撒在上面。上大火沸水蒸 35min 即熟。

将蒸熟的锅垒放入盘内,把白糖撒在上面即成。

3.注意事项

玉米面、面粉、苹果丝放入盆内,搅拌均匀,达到捏成团后还
能散开的程度为宜。用料比例,苹果丝应比玉米面、面粉略微多
一些。

十三、珍珠粑

1.原料配方

糯米 1000g、白糖 370g、猪油 100g、蜜玫瑰 25g、蜜樱桃 25
粒、鸡蛋液 130g、淀粉 250g。

2.操作要点

(1)调制面团　取 2/3 的糯米用沸水煮至九成熟起锅,煮糯米
时煮至九成熟即可,不宜煮太长时间。沥干米汤置于盆内,趁热加
入鸡蛋液(把握好鸡蛋和淀粉的用量,不宜过多或过少)、淀粉拌
和均匀,至米团有一定阻力即成。余下的糯米提前浸泡 10h 左右,
沥干水分,留作裹米。注意裹米必须用冷水浸泡涨发至吸水充分。

(2)制馅　将白糖与少许淀粉搅拌均匀,把蜜玫瑰用刀剁细后

加入少许猪油搅拌均匀，再将两部分混合揉搓均匀即成馅心。

（3）包馅成形　先将手先沾上少许清水，取米面团一份，包上馅心一份，封口后搓圆，然后均匀地粘上一层"珍珠"（裹米），放在垫有湿纱布或刷油的笼内，并在每个生坯的顶部嵌上半颗蜜樱桃即成。

（4）蒸制　在旺火上蒸大约 10min，蒸到珍珠粑表面的裹米米心发亮即可。

十四、五花糕

1. 原料配方

玉米面 1000g、大米面 330g、豆沙馅 200g、红果馅 200g、苏打粉适量、老面 65～70g。

2. 操作要点

（1）和面　把玉米面倒入盆内，再加入适量苏打粉和水揉成发糕面，大米面倒入盆内，加入老面用温水调好，将其略微发酵。

（2）整形　在笼屉内铺上屉布，底层先铺一层玉米面（将玉米面分成三份），上铺二分之一豆沙馅，豆沙馅上面再铺一层玉米面，上面铺二分之一红果馅，红果馅上铺一层大米面（将大米面分两份），再将另一份玉米面糕面铺在大米面上，再铺上红果馅，红果馅上铺一层大米面。

（3）蒸制　把铺好的五花糕生坯置旺火沸水锅蒸约 1h，把糕取出放案板上晾凉，用刀切成菱形块即可装盘食用。

十五、重阳糕

1. 原料配方

面粉 1000g、红丝 50g、青丝 50g、甜酒汁 200g、洗豆沙 300g、白糖 500g、熟猪油 200g。

2. 操作要点

（1）和面　将面粉入盆，加温水，兑入甜酒汁，拌和均匀，使其发酵，至出现蜂窝状时，加白糖（200g），用筷子搅匀。

（2）原料预处理　先用热水将洗豆沙搅拌稀释均匀，然后将300g白糖用热水化开。红丝、青丝切成粒。

（3）蒸制　在蒸笼底部抹熟猪油，用1/3面糊摊开笼底刷上一层糖水、洗豆沙；再将1/3的面糊摊上，再刷一层糖水、洗豆沙；再将剩余的面摊上加盖。上火蒸熟后，面上刷上糖水，撒上红丝、青丝，稍晾凉切成菱形块即成。

十六、阴阳糕

1. 原料配方

面粉1000g、红糖300g、白糖300g、桂花100g、老面200g。

2. 操作要点

（1）和面　把面粉倒入盆内，再加入老面与水和成面团发酵。红糖、白糖分别加入桂花搓匀备用。

（2）蒸制　面团发起时，加入适量碱揉匀，分成均等的两块。一块加入红糖，一块加入白糖，各揉均匀，再将两块面擀成约1cm厚大小一样的长方形面片，然后将两块面叠在一起，按扁，适当醒发，上屉蒸熟（40min左右），取出晾凉切成长方形小块即可。

十七、状元糕

1. 原料配方

面粉1000g、老面100g、鲜玫瑰花200g、白糖500g、葡萄干100g、青梅100g、碱适量、红色素少许。

2. 操作要点

（1）和面　先将老面用水匀开，然后加入面粉和适量的水，和成面团发酵。将鲜玫瑰花洗干净搓碎备用。青梅切成小丁与葡萄干搅拌在一起。红色素加少许水泡开。

（2）醒发、蒸制　在面团发起后，再加入适量的碱揉匀，再加入鲜玫瑰花、白糖和红色素揉至呈粉红色。然后擀成约1.5cm厚的四方形面片，光面朝上放在屉上，将青梅、葡萄干均匀地撒在上面稍按一按，适当醒发，用大火蒸40min即熟。

十八、凉糍粑

1. 原料配方

糯米 1000g、豆沙馅 500g、白芝麻 300g、白糖 200g、食用红色素少许。

2. 操作要点

(1) 调制面团　把糯米淘洗干净后加入适量的清水（一般淹过米粒 0.5～0.8cm），上笼蒸制成较干的糯米饭，倒出趁热揣细即成米团。蒸制糯米饭时，掌握好水量，水不宜过多或过少。

(2) 炒芝麻　把白芝麻入锅用小火炒至成熟、色泽金黄，再将其擀成颗粒较粗的粉末待用，炒芝麻时要掌握好火候，不要将芝麻炒焦了。白糖用擀面杖擀细，再加入少许食用红色素调成粉红的糖粉即为胭脂糖。

(3) 整形　把芝麻分摊开铺在面案上，两手沾上少许色拉油，把米团放于芝麻粉上，然后将其压成厚约 1cm 的面皮，并将豆沙馅均匀地夹在 1/2 的米面皮上，堆叠后将其压成厚为 1cm 左右，最后用刀将其切成各种形状即可（一般切成菱形块）。整形时手要沾少许油脂，以免粘手，并注意米团的厚薄度。

(4) 装盘上席　把切好的糍粑块装在盘中，撒上胭脂糖即可。

十九、红豆糕

1. 原料配方

白面粉 1000g、红豆 400g、白糖 400g、香麻油少许、熟猪油60g、碱水少许、鲜荷叶 1 张。

2. 操作要点

(1) 预处理　将白面粉用筛筛松，筛去粉块备用。红豆拣去杂质，洗干净，入锅后加水煮酥，这时除煮酥的红豆外，应有豆汤1000g 左右。

(2) 和面　再加入熟猪油、白糖调匀，再撒入筛松的面粉，边筛边用锅铲搅匀，至面粉半熟、软硬适当时，盛出放面板上。

（3）整形　待和好的面团凉后揉透，揉至豆粉团滑爽软糯，搓成长条并压扁成 1.5cm 厚、3cm 宽的长条，再切成 6cm 长糕条，即成红豆糕生坯。

（4）蒸制　在蒸格内铺上荷叶（四周边缘要空），将红豆糕生坯排放在上，盖上盖，用旺火蒸 12min 左右，蒸至糕面起蜂窝时即可取出，刷上香麻油。

二十、盘转糕

1. 原料配方

面粉 1000g，老面 200g，温水 560g，澄沙馅 250g，香油 250g，青红丝、碱水各适量。

2. 操作要点

（1）和面　先将面粉倒在案板上，将 560g 温水倒入老面内和成面团进行发酵。待面团发起，加入适量碱水，揉匀，稍醒。

（2）整形　把面团搓成 7cm 粗细的长条，按 200g 一个揪成面剂，将剂子搓成约 30cm 长条，按扁，擀成厚 1cm、宽 12cm 的长方形面片，再将澄沙馅均匀地抹在面片上，然后从上至下卷成圆筒状的长条，把两头卷严，从一头向另一头盘起，将后边剂头压在底部边缘即成。

（3）蒸制　待蒸锅上汽时，将生坯摆入屉内，撒上青红丝，用大火蒸约 35min 即熟，取下切十字刀，50g 一块码入盘内。

二十一、八宝枣糕

1. 原料配方

面粉 500g、鸡蛋 500g、猪板油 500g、白糖 500g、大枣 200g、核桃仁 200g、山药 200g、莲米 200g、龙眼肉 200g、枸杞子 160g、黑芝麻 200g、蜜玫瑰 60g。

2. 操作要点

（1）原料预处理　将山药洗净，大枣去核，核桃仁、龙眼肉切小粒；山药、莲米烘干研末；黑芝麻炒香，猪板油去筋膜，切细粒。

（2）和面　鸡蛋打入盆内，加白糖调至乳白色后加入备好的各料搅拌均匀。

（3）蒸制　在蒸盒内抹上猪油，倒入枣糕生料，抹平，撒上芝麻，入笼蒸约 30min，取出冷却后切块即成。

二十二、百果年糕

1. 原料配方

（1）面糊配料　白糖 3kg、鸡蛋 31kg、面粉 27kg。

（2）馅料　白糖 12kg、饴糖 2kg、青梅 8kg、葡萄干 4kg、瓜条 4kg、瓜仁 2kg。

（3）擦盘用油　食用油 2kg。

2. 操作要点

（1）馅料调制　将白糖、饴糖、青梅、葡萄干、瓜条、瓜仁等馅料在搅拌机内混合均匀，制成馅料，备用。

（2）打蛋　将鸡蛋打碎后放入打蛋机内，加白糖搅打。待蛋液呈乳白色，液面有膨松泡沫，体积增大为止。

（3）面糊调制　将面粉缓缓投入打蛋机内，将机器改为慢档搅拌均匀。

（4）成型　在铁盘内刷上一层食用油，然后用勺子浇糊，薄厚要一致。

（5）蒸制　浇糊后，将铁盘上蒸箱蒸制至熟出屉。

（6）加馅　蒸箱蒸熟出屉后，将事先调好的馅料抹在底部糕面上，再盖上同样的糕坯，然后切成长方形块，即可包装（亦可在两层蛋糕间涂抹果酱等）。

二十三、薯类年糕

1. 原料配方

红薯 100kg、琼脂 1kg、海藻酸钠 100g、白砂糖 30kg、葡萄糖 30kg、氯化钙 100g、柠檬酸 100g（调 pH 值至 3.5）。

2. 操作要点

(1) 原料挑选　选用新鲜、块大、含糖量高、淀粉少、水分适中、无腐烂变质、无病虫害的红心红薯。

(2) 清洗　将选好的红薯放入清水中进行清洗，以除去表面的泥沙等杂物，去除机械损伤、虫害斑疤、根须等，再在漏筐中用清水冲洗干净。

(3) 蒸煮　洗净的红薯放入夹层锅内利用蒸汽进行蒸煮，时间为 30～60min，至完全熟化，无硬心、生心。

(4) 去皮　手工去皮，红薯皮可用作饲料或作为加工饴糖的原料。

(5) 打浆　将去皮后的红薯用机械捣碎后放入打浆机，搅拌成均匀一致的糊状物（温度在 60℃以上）。

(6) 糖浆的制备　称取等量的白砂糖和葡萄糖，用少量水溶解后，熬糖至橘黄色，保温备用。

(7) 琼脂的处理　称取定量的琼脂加入 20～30 倍的水蒸煮溶化，保温备用。

(8) 海藻胶的制备　称取定量的海藻酸钠及氯化钙加水，加热溶解后备用。

(9) 浓缩　将红薯浆在夹层锅中浓缩至团块状，当浓缩接近终点时，先加入糖浆、琼脂、海藻胶，浓缩结束时，加入柠檬酸。

(10) 凝冻成型　将浓缩后的混合料趁热注入浅盘中，冷却凝冻成型，厚度为 5～10mm，表层要抹平，为防止粘盘，烘盘预先要刷上一层食用油。

(11) 烘干　将烘盘放入干燥箱内，在 50～60℃的条件下，利用热风脱水使样品的水分含量降至 25%～30%，烘干时间为 6～10h。为了使烘干的效果良好，中间可翻动一次。

(12) 包装　烘干结束后，待其稍稍冷却，即可切块包装。一般包装采用双层包装，内层用糯米纸，外层用聚乙烯。

3. 注意事项

由于红薯淀粉含量高，蒸煮时要蒸熟蒸透，使淀粉完全糊化，为避免淀粉冷却后凝沉，要趁热打浆（保证温度大于 60℃），否则易出现颗粒团块。另外，红薯浆料黏度大，浓缩时要不断搅拌，以免粘锅壁结焦。混合物料时，柠檬酸宜最后加入，不然成胶状，搅拌困难，水分也难蒸发，延长烘干时间。

二十四、黄米年糕

1. 原料配方

黄米面 1000g、红枣 1000g。

2. 操作要点

（1）和面　红枣洗净，黄米面用温水和成面团，然后成 20 个面剂。

（2）整形　每个面剂捏成上尖下圆、中空的金字塔形，并在 4 周和顶上嵌上 3～4 个红枣。

（3）蒸制　上蒸笼内，用大火蒸 30min 即熟。

二十五、八宝枣糕

1. 原料配方

面粉 1000g、鲜鸡蛋 1000g、白糖 1000g、蜜枣 400g、生猪油 300g、核桃仁 400g、蜜瓜条 400g、蜜玫瑰 120g、蜜樱桃 300g、黑芝麻 100g、橘饼 120g。

2. 操作要点

（1）原料预处理　先将生猪油去皮，切成 0.4cm 见方的颗粒；蜜枣去核，与蜜瓜条、核桃仁、蜜樱桃、橘饼均切成 0.4cm 见方的颗粒。把鸡蛋打入盆内，加入白糖，用打蛋器顺一个方向用力搅动，直至蛋液起泡、呈乳白色、体积增大二至三倍，加入用筛子筛过的面粉，调和均匀，再加入生猪油、蜜枣、核桃仁、蜜瓜条、蜜樱桃、橘饼和蜜玫瑰搅拌均匀。

（2）蒸制　在蒸笼内铺上一层纸，放上木框，把糕浆倒入木框内约 2.8cm 厚；刮平糕面均匀地撒上黑芝麻，用大火沸水蒸约 30min。出笼后揭去纸，再用木板夹住枣糕（有芝麻的一面在上）。

待晾凉后，切成 5cm 见方的块即成。

二十六、百果蛋糕

1. 原料配方

（1）糕坯配方　鸡蛋 1000g、白糖 960g、面粉 860g、擦盘用油 60g。

（2）馅料配方　青梅 130g、饴糖 30g、瓜条 60g、葡萄干 60g、白糖 180g、瓜仁 30g。

（3）糖浆配方　白糖 1000g、水 500g、柠檬酸 10g。

2. 操作要点

（1）打蛋　将蛋汁放入搅拌机内，加白糖搅打。待蛋液呈乳白色，液面有膨松泡沫，体积增大，便可投入面粉搅拌。

（2）调糊　将面粉缓缓投入打蛋机内，将机器改为慢档搅拌均匀。

（3）成型　在一铁盘内刷油，然后用勺子浇糊，薄厚要一致。即上蒸箱蒸制至熟出屉，用事先调好的糖浆、青梅、馅糖、瓜条、葡萄干、白糖、瓜仁等稍加混合，抹在底部糕面上，再盖上同样的糕坯，然后切成长方形块，即可包装（亦可在两层蛋糕间涂抹果酱等）。

二十七、百果油糕

1. 原料配方

面粉 1000g、老面 100g、水 500～600g、白糖 300g、青梅 50g、葡萄干 50g、瓜条 50g、核桃仁 50g、蜜枣 50g、熟猪油 100g、碱水适量。

2. 操作要点

（1）和面　将面粉倒入盆内，加入老面和 500～600g 的水，和成面团发酵，待面团发起时加适量的碱水揉匀备用。

（2）整形、蒸制　把青梅、瓜条、蜜枣和核桃仁等原料切成小方丁与葡萄干、白糖等原料混合放入酵面内揉搓均匀，搓成长条，揪 50g 一个的剂子，再取十个小碗，将熟猪油均匀地逐个抹在小碗内。然后将剂子揉成馒头形状，光面朝下放在碗内，用干净的布盖好，再进行第二次发酵，大约 2～3h，见面坯已膨胀，即可扣在屉上，去掉碗，用大火蒸 18min 即熟。

二十八、四色片糕

1. 原料配方

糯米 10kg、绵白糖（或白砂糖）12.5kg、植物油（或动物油）0.75kg、杏仁粉 1.25kg、干玫瑰花 125g、松花粉 625g、苔菜粉 500g 或黑芝麻屑 2.5kg、精盐 100g。

2. 操作要点

（1）炒糯米粉制作　糯米经淘洗后放置一定时间吸水胀润。将锅加热到 180～200℃，加入吸足水分的糯米焙炒，炒熟出锅。然后用粉碎机粉碎成粉末，用 100 目以上的筛子过筛，最终得到炒糯米粉。

（2）潮糖制作　将绵白糖或白砂糖加 5% 左右水分和适量的无杂味植物油或动物油，进行充分的搅拌，使糖、油、水均匀混合，放在容器内静置若干天，即成潮糖。

（3）炒糯米粉面团调制　将炒糯米粉与潮糖拌匀，用擀杖碾擀两遍，刮刀铲松堆积，再用双手手掌用力按擦两遍，要求擦得细腻柔绵，用粗筛筛出糕料，或用机械擦粉、过筛。

（4）成型　先在铝合金制成的模具烫炉里放入约 1/5 的糕料，并铺于模具底部，再取 3/5 的糕料事先与该制品需要的原料（如杏仁粉、松花粉、苔菜粉、玫瑰花等）擦和，放入烫炉内铺平按实，最后将剩下的 1/5 糕料放入烫炉铺平，用捺子软力揿实，要求表面平整、厚薄均匀，再用力在糕料上按需要大小切开。

（5）蒸糕　水温控制在 80℃ 左右，将已开条的糕坯连烫炉放置有蒸架的锅里，隔水蒸约 3～5min，待面、底均呈玉色，刀缝隙处稍有裂缝时，表示蒸糕成熟。蒸糕的目的是使糕坯接触蒸汽受热膨胀，因此不需要用过大的蒸汽。

（6）回汽　将蒸过的糕坯磕出，有间距地侧放在回汽板上，略加冷却，再将糕条连糕板放入锅内加盖回汽。回汽的作用是使糕坯底部以外的另外几个面接触蒸汽，吸收水分，促使糕体表面光洁。回汽时掌握表面都呈玉色，糕坯表面手感柔滑不毛糙，中心部位软黏。

（7）冷却　将回过汽的糕坯，正面拍上一层洁白的淀粉，侧立排入糕箱内，最上面一层应比糕箱上沿低几厘米，铺上蒸熟小麦粉，使糕坯与外界空气基本隔绝，放置一昼夜后，让其缓慢冷却。用这种冷却方法，既能达到冷却目的，又能使糕坯软润均匀。

（8）切片　将充分冷却后糕坯用切糕机或手工切成均匀的薄片，切片深度为100％，但糕片间不脱离。

（9）烘烤　将切好的糕片，摊排在烤盘内进行烘烤，在230℃炉温烘烤5min左右，待糕片有微黄色时即可出炉。出炉后趁热按原摊的排放次序进行收糕，并排列整齐。

二十九、红果丝糕

1.原料配方

小米面1000g、山楂600g、白糖400g、老面100g、食碱适量。

2.操作要点

（1）制发酵面团　将老面放盆内，加入温水，把小米面倒入，揉和成面团发酵。

（2）山楂预处理　把红果洗干净，用刀切开，把果核取出，放锅内用水煮烂，将白糖倒入同红果一起搅拌均匀，制成红果酱。

（3）混合　将发酵好的小米面加入适量的食碱揉匀，稍微醒一会。醒好后将面团分成两份。

（4）蒸制　笼屉内铺上湿屉布，将一份面团铺在屉上抹平。把制好的红果酱放到面上铺平抹匀。再把另一份面团铺到红果酱上。用大火沸水蒸约1h即熟。

（5）整形　蒸熟的红果丝糕倒在案板上，用刀切成菱形小块，包装后上市销售。

三十、水晶凉糕

1. 原料配方

糯米 1000g、冰糖 250g、蜜瓜条 75g、蜜樱桃 75g、红枣 75g、葡萄干 75g、熟猪油 75g。

2. 操作要点

（1）蒸糯米饭　把糯米淘洗干净后用清水浸泡 5～6h，等米粒吸水充分涨发后，沥干水分，倒入垫有纱布的蒸笼内，用大火蒸熟。蒸制糯米饭时注意其成熟度，蒸制过程中药揭开笼盖向糯米中洒 2～3 次水，要保证米饭全熟。

（2）切配料　将蜜瓜条、蜜樱桃、葡萄干和红枣等分别切成小片待用。

（3）拌料　把糯米饭蒸熟后，趁热将切好的原料倒进糯米中搅拌均匀，再装入事先刷好猪油的木盒内，米饭装木盒时一定要用工具将其压紧、压平、压实。然后放进冰箱内进行冷冻。

（4）熬糖液　将清水加热到沸腾后，再加入冰糖，用中小火慢慢熬制，熬至锅铲插入糖汁内，提起"滴珠"时，即可盛入碗内置于冰箱内冷却。

（5）切糕　将冻好的糕坯取出用刀切成方形薄片，切片时刀口抹少许油脂，以防粘刀。整齐地装入盘内，最后淋上冷却好的冰糖汁即可上席。

三十一、白面发糕

1. 原料配方

面粉 1000g、老面 350g、白糖 200g、纯碱 350g。

2. 操作要点

（1）和面　将老面放入盆内，加清水搅成面浆，再放入面粉和匀，盖上净布让其发酵大约 2h，待嗅有酒香，抓触有丝时，下纯碱、白糖揉匀，用双手抓面由怀中向外反复回旋悠打，直至面团上劲后，转入铺垫湿纱布的搪瓷面盆内。盖上木盖到面膨胀起泡时待蒸。

（2）蒸制　将火锅上放笼屉，加清水烧沸腾，将发好的酵面连同纱布提起入笼，盖上笼盖，约蒸半小时至发糕起泡，端笼倒在案板上，揭掉纱布晾凉，切成菱形块即为成品。

三十二、鸡蛋碗糕

1. 原料配方

面粉250g、鸡蛋200g、糖桂花少许、白糖250g、花生油50g、松仁少许。

2. 操作要点

（1）原料预处理　笼屉内垫上干净的纱布，将面粉倒在上面散开，上笼蒸熟，取出晾凉后擀碎过罗。

（2）搅拌　将鸡蛋磕入干净的盆内，用抽子打散，边打边加入白糖，直打至蛋液起泡发白，再放入过罗的熟面粉、糖桂花和松仁，搅拌均匀。

（3）和面　取几个干净的碗，碗内抹上油，余下的油放在蛋面糊内搅匀，然后将蛋面糊倒入碗内，每碗中装入多半碗。

（4）蒸制　将装有蛋面糊的碗放到放入沸水锅上的笼屉内用大火蒸制至熟。

三十三、奶油发糕

1. 原料配方

面粉1000g、低熔点软质人造奶油30g、即发干酵母5g、白砂糖30～50g、45～50倍甜度甜蜜素1.5g、馒头改良剂2～3g、碱1～3g、单甘酯1g、水550～650g、奶油香精适量。

2. 操作要点

（1）原料处理　将即发干酵母、馒头改良剂用温水化开，人造奶油与单甘酯制成凝胶，白砂糖、甜蜜素、碱用热水溶解。

（2）和面与发酵　将面粉、酵母水、单甘酯奶油凝胶、水、糖水、碱水和香精按照顺序添加，边搅拌边加入。根据季节调节碱量，加完后搅拌 10～12min。和好面后在 30～35℃下发酵 30～60min，至面团完全发起。

（3）揉面、成型、醒发 取出约 4kg 面团，在揉面机上揉 10 遍以上，至表面细腻光滑。注意揉面撒干粉，防止粘辊。将揉好的面团切成每块 1kg 面块，手揉并适当整形成长方形坯。托盘上刷油，将坯放于盘上。入醒发室 35～40℃，醒发 40～60min，至完全发起。

（4）汽蒸及分块包装 醒发好的坯入柜 0.03MPa 下蒸制 40～45min 至熟透。稍冷后切成每块 200～250g，冷却包装。

三十四、大米发糕

1. 原料配方

面粉 700～800g、大米 200～300g、即发干酵母 2g、白砂糖 50g、45～50 倍甜度甜蜜素 1g、泡打粉 2g、碱 0.5～2g（根据季节定加入量）、水 550～600g。

2. 操作要点

（1）大米预处理 大米可粉碎，也可磨浆。

① 粉碎法 大米可用粉碎机粉碎过 80 目以上筛，粉碎法较为简便但口感不如磨浆法。

② 磨浆法 大米磨浆是将米洗净浸泡 5～10h，冬长夏短，至米无硬干心。泡好后滗干，准备好 2 倍于大米的清水，将米倒于砂轮磨浆机上，开机，边加水边磨，磨浆过程不可断水。磨后过 60 目筛网，滤出的颗粒应重磨。浆在较低温度下静置 5～12h，倒去上层清液，沉淀米粉待用。

（2）和面与发酵 把面粉和即发干酵母倒入和面机，加入米粉或沉淀好的米粉浆。白砂糖及甜蜜素一同溶解倒入。加水调至软硬适当的面团，搅拌均匀。在 30～35℃下发酵 30～50min，至面团完全发起。碱用少许水溶解，加入面团，泡打粉直接倒入容器中，搅拌至碱均匀即可。

（3）成型 把面团撒上扑粉，揉面机揉 5 遍以上，至表面光滑。每 1kg 一个剂擀成长方形放托盘上，盘适当多涂油。坯表面可放数个葡萄干或青红丝。

（4）醒发、汽蒸　醒发 40～60min，0.03MPa 汽蒸 40min 左右至熟透。稍冷后切成 200g 左右的大块。

三十五、杂粮发糕

1. 原料配方

面粉 700～800g、杂粮面 200～300g（细度在 80～100 目）、即发干酵母 2g、白砂糖 50g、45～50 倍甜度甜蜜素 1g、泡打粉 2g、碱 0.5～1g、水 550～600g。

2. 操作要点

（1）和面与发酵　把称量好的面粉和杂粮面及即发干酵母倒进和面机容器内，稍加混合后，再倒入用热水溶解的白砂糖及甜蜜素，将水调至合适温度，边搅拌边加入。搅拌至原料混合均匀，30～35℃发酵 40～60min 至面团完全发起。碱用少许水化开加入面团，泡打粉直接加入。再和面至碱分散均匀。

（2）成型　把面团撒上扑粉，揉面机揉 5 遍以上至表面光滑。取 1kg 为一个剂，整成 1.5～2cm 厚长方形薄片，放于托盘上，托盘适当多涂油。

（3）醒发与汽蒸　成型时坯可能要开始醒发，特别是夏季室温高时，每车成型要在 20min 内完成。成型后推入醒发室 35～40℃醒发 40～60min，至坯体积增加 2 倍以上。0.03MPa 汽蒸 40～50min，使坯完全熟透。蒸好的大坯稍冷却后切成 200g 的块。

三十六、白糖蜂糕

1. 原料配方

大米 1000g、老面 200g、碱适量、桂花 20g、白糖 200g。

2. 操作要点

（1）清洗　用清水将大米淘洗干净，泡半小时，捞出沥去水分，放在通风处风干后用小磨碾成细粉过罗。

（2）和面　将过罗好的米粉加开水 400g，烫熟后与老面掺在一起搅匀，放在湿度高的地方发酵，发好后，加入适量的碱和白糖、桂花搅匀备用。

（3）蒸制　将框子放在屉布上铺好，将面倒在甑子内蒸 1h 左右即可成熟。

三十七、混糖蜂糕

1. 原料配方

玉米粉 1000g、红糖 300g、老面 200g、桂花 25g、青红丝少许、碱适量。

2. 操作要点

（1）和面　将玉米粉倒入盆内，加入老面和水，和成较软些的面团发酵，待面发起时，加入适量的碱搅拌均匀，再放入红糖，拌匀待用。

（2）蒸制　把屉布事先铺好，再把玉米面团倒在屉上铺平，铺的厚度大约为 1.5cm 为宜，然后撒上青红丝，用旺火蒸熟。取出扣在案板上晾一晾，改刀切块，装盘即可。

三十八、鸳鸯发糕

1. 原料配方

面粉 1000g，老面 150g，水 500g，白糖 150g，红糖 150g，青红丝、碱各适量。

2. 操作要点

（1）和面　将老面用水匀开，加面粉和成面团，静置发酵，发起后，兑碱揉匀，稍醒。

（2）整形　将面团分成同样大小的两块，一块加白糖，一块加红糖，分别揉透，至糖溶化为止。把红白两块面团各分成若干份，分别擀成约 1.5cm 厚，大小、形状一致的片，叠在一起（白的在上，红的在下），并在两片中间先刷上水，以利黏合，面上撒少许青红丝。

（3）蒸制　将生坯放入屉内，用大火蒸 30～40min 即熟。

二十九、巧克力发糕

1. 原料配方

面粉1000g、可可粉40g、即发干酵母5g、白砂糖50g、45～50倍甜度甜蜜素3g、泡打粉2g、碱0.5～1g、水550～600g。

2. 操作要点

（1）和面与发酵　把面粉、即发干酵母和可可粉放入和面机容器内，搅拌稍加混合。糖及甜蜜素用热水溶解，倒进和面机，将水调至合适温度，边搅拌边加入。搅拌至原料混合均匀，30～35℃发酵40～60min至面团完全发起。碱用少许水化开加入面团，泡打粉直接加入。再和面至碱分散均匀。

（2）成型　把面团上撒上干粉，揉面机揉5遍以上至表面光滑。取1kg为一个剂，整成1.5～2cm厚长方形薄片，放于托盘上，托盘适当多涂油。

（3）醒发与汽蒸　成型时坯可能要开始醒发，特别是夏季室温高时，每车成型要在20min内完成。成型后推入醒发室35～40℃醒发40～60min，至坯体积增加2倍以上。0.03MPa汽蒸40～50min，使坯完全熟透。蒸好的大坯稍冷却后切成200～250g的块。

四十、三色菊花盏

1. 原料配方

面粉1000g，玉米面430g，牛奶710g，奶油170g，豆沙馅1400g，白糖700g，白醋70g，泡打粉60g，樱桃、香草粉、食用红黄色素各少许。

2. 操作要点

（1）和面　将面粉和玉米面、泡打粉、香草粉放在案上拌匀，中间扒窝，加入白糖、牛奶拌匀和起，用手掌来回揉，揉的时间越长越好，揉时把奶油和白醋分次揉入面团，如硬时可加少许温水和成软面团。

（2）成型、蒸制　将面团分3份放入碗内，2份分别调成淡红色和淡黄色（食用色素用水化开），再把三种色面团的一半同时放入一个铺纸抹油的菊花盏里，再将豆沙馅搓成小圆球，放入菊花盏中的面团上，再把三种色的面团依次放入盏里铺平，中心用手蘸清水轻轻按一下，准备蒸熟后放樱桃。上笼用大火蒸 10min，出笼后把纸剥去，放上樱桃即成。

3. 注意事项

三色面团的数量要一致。红、黄食用色素不宜多放，以能刚上色为准。菊花盏用沸水、大火蒸熟。

四十一、蒸制鸡蛋糕

1. 原料配方

鸡蛋 1000g、面粉 800g、白砂糖 1000g、饴糖 250g、熟猪油（涂刷模具用）40g、泡打粉适量。

2. 操作要点

（1）蛋糕糊调制　将鸡蛋、白砂糖、饴糖加入搅拌机内搅打 10min，待蛋液中均匀布满小乳白气泡，体积增大后加入面粉、泡打粉搅匀即成。注意加面搅拌不可过度，防止形成面筋，而蛋糕难以发起。

（2）注模成型　先将熟猪油涂于各式模型内壁周围，按规定质量将蛋糕分别注入蒸模内。不可倒得过满，一般达 1/2 体积即可。

（3）蒸制　将加入蛋糕糊的蒸模，放入蒸箱的蒸架上，罩上蒸帽密封蒸制。开始蒸时蒸汽流量控制得小些，蒸 3～5min 后，趁表面没有结成皮层，将蒸模拍击一下，略微震动，使表面的小气泡去掉，然后适当加大蒸汽流量，再蒸一段时间，以熟透为准。蒸汽流量或炉灶火候要适当掌握，如果蒸汽流量太大或炉灶火候过旺，有可能出现制品不平整。

（4）冷却、脱模　出蒸箱（笼）后趁热脱模，装箱冷却，成品。

四十二、山楂云卷糕

1. 原料配方

鸡蛋 1000g、白糖 500g、面粉 500g、山楂糕 330g。

2. 操作要点

（1）搅拌 先将面粉上屉干蒸熟后，晾凉，擀细过罗备用。然后将鸡蛋打入盆内，放入白糖用打蛋器抽打，见蛋液胀发起来，当颜色发白时，倒入面粉搅拌均匀。

（2）蒸制 首先将屉布浸湿铺好，放上一个木框把蛋液倒入木框内，上火蒸熟（中间要放一两次气），然后取出扣在案板上，将屉布揭去稍晾一晾。迅速把山楂糕切成薄片，均匀地排码在蛋糕上面，然后卷成蛋糕卷，要卷紧些，再用洁白布一块浸湿，将卷好的蛋卷紧紧地包裹起来。待蛋卷凉透后去掉湿布切成斜刀片即可。

四十三、茉莉糖油糕

1. 原料配方

面粉 1000g，白糖 250g，猪油 75g，老面 100g，茉莉花 25g，葡萄干、瓜条、小枣、青红丝各少许，碱适量，水 550g。

2. 操作要点

（1）制馅 将猪油切方丁后和白糖、茉莉花混合搓成白糖馅。

（2）和面 将面粉、老面加水和成面团发酵。面发起后加适量的碱。揉均匀，再放入白糖 50g 揉匀，然后取 150g 做面皮用，其余的搓成条，按扁，擀成 15cm 宽、65cm 长的面片，将白糖馅撒在上边（要均匀），然后由外向里折叠，到头为止。

（3）整形 将另外 150g 面揉匀，擀成长方形大片（大约能包起叠好的面）包起来，再按成长方形的扁片状，把葡萄干、瓜条、小枣、青红丝均匀地撒在上边，上屉蒸 40min 即熟。取出晾凉后切四方小块盛盘。

四十四、卷筒夹沙糕

1. 原料配方

面粉 1000g、豆沙 500g、老面 100g、水 500g、果脯 100g、碱适量。

2. 操作要点

（1）和面　将老面用水化开，加面粉和成面团，静置发酵。发起后，兑碱揉匀。

（2）整形、蒸制　把面团擀成矩形薄片，均匀地铺上豆沙，然后顺长两边相向卷起合拢。将双卷翻过来，在表面刷上清水，撒上切碎的果脯，上屉用大火蒸约 40min 即熟，取出切成段即成。

四十五、红枣赤豆发糕

1. 原料配方

玉米面 1000g、面肥 200g、红枣 200g、红小豆 400g、白糖 200g、食碱适量。

2. 操作要点

（1）和面　将面肥放盆内用温水匀开，把玉米面倒入盆内，加适量水和面肥一起和成发糕面，待其发酵。

（2）预处理　将红小豆洗净，放锅内煮至八成熟，捞出用凉水冲一下，沥净水。红枣用热水泡开，洗净。

（3）发酵　把发酵好的糕面加入适量食碱揉匀，再将白糖揉入糕面里，稍醒一会儿，把糕面分为两份。

（4）蒸制　在屉内铺上屉布，铺一份玉米糕面，抹平，把沥净水的红小豆铺在糕面上，再将另一份玉米糕面铺在红小豆上，用手拍平，将小枣均匀地码在上面，然后置大火沸水上蒸 1h 左右。蒸制成熟后，将糕切成方块即可。

第四节　包子类

一、豆沙包

（一）方法一

1. 原料配方

（1）皮料　玉米面 1000g、面粉 1000g、老面 600g、食碱

适量。

（2）馅料 豆沙馅 2000g。

2. 操作要点

（1）和面 将老面放入盆中用温水溶解后倒入玉米面、面粉，并揉和均匀，制成面团，用湿布盖上待其发酵。

（2）包馅 将发酵面团加入适量食碱揉搓均匀后，稍醒一会儿，把面团搓成条，揪成 25g 的面剂子，用手按扁，包入豆沙馅成椭圆形，码在屉上。

（3）蒸制 包好馅的包子放到旺火上蒸 15min 左右就熟了。

3. 注意事项

掌握好二面豆沙包的用料比例，一般是玉米面与面粉的比例是1∶1 左右较适宜。用二面除蒸豆沙包外，还可蒸二面馒头、二面发糕、二面发面饼等。豆沙包要用旺火、沸水。

（二）方法二

1. 原料配方

面粉 1000g、老面 200g、绿豆沙 600g、白糖 450g、桂花酱30g、碱 20g。

2. 操作要点

（1）和面 将面粉放入盆内，加适量水和老面和成面团，发酵后加碱和白糖 50g 揉匀，稍醒。

（2）制馅 将绿豆沙、余下的白糖和桂花酱拌成馅。

（3）和面 面团搓成直径 3cm 的长条，下 22 个面剂，逐个擀成圆片。用面皮包入豆沙馅揉成鸭蛋形，包口朝下，平放在案板上。全部包好后，放入笼中，用大火蒸约 15min 即熟。

（三）方法三

1. 原料配方

面粉 1000g、即发干酵母 3g、红芸豆或红豇豆 400g、水1600g、白砂糖 320g、碱 1.6g。

2. 操作要点

（1）制豆馅 将豆子洗净，放入夹层锅内，加水 1600g，开大蒸汽烧开后，关小蒸汽保持微沸状态焖煮 2～3h，煮至豆烂汁少，煮豆过程不要搅拌。为了增加馅的黏性和风味，也可适当加一些大枣、红薯等一同焖煮。豆子煮透后加入白砂糖适当搅拌，使部分豆粒破碎，有一定黏性即成豆馅。

（2）和面发酵　将 800g 面粉和即发干酵母放进和面机内搅拌均匀，加水 400g，搅拌 6～8min，至面筋形成。入发酵室发酵60min 左右，使面团完全发起。

（3）成型　将发好的面团加入 200g 面粉和碱水，搅拌均匀，然后在揉面机上揉轧 10 遍左右，使面片光滑细腻。面片在案板上卷成条，下 50～80g 面剂，按（擀）成 2～3mm 厚的圆形薄片。左手托起面片，将豆馅 100g 左右放于面片中心，双手协作包成一头圆，一头尖，中间有一排花褶的包子，形似麦穗。

（4）醒发、汽蒸　将包子坯排放于托盘上，在醒发室内醒发50～70min。进蒸柜 0.03MPa 压力下蒸制 20～23min。

（四）方法四

1. 原料配方

（1）皮料　黄米面 1000g、清水 550g、面粉 110g、鲜酵母 18g。

（2）馅料　红小豆 800g、白糖 500g、桂花酱 100g、色拉油 100g。

2. 操作要点

（1）面团调制、醒发　将黄米面加入适量温水搅拌均匀，和成软面团，晾凉。鲜酵母加面粉及少许水调匀，倒进黄米面中和匀，盖上湿布，发酵 1h 左右备用。

（2）馅料调制　将红小豆淘洗干净，浸泡 6～8h，再用清水淘洗几遍，放入高压锅中，加水没过豆子煮烂，加入白糖、色拉油捣碎，再加入桂花酱拌匀成豆沙馅料。

（3）包馅　把揉匀的面团搓成长条并分割成每个重约 75g 的剂子，擀制成圆形面皮，包入适量馅心捏制成型。

（4）蒸制　把生坯摆在笼屉内，开锅后用大火蒸 15min 即成。

二、莲蓉包

1. 原料配方

面粉 1000g、莲子 500g、白糖 250g、青梅 100g、猪油 100g、老面 50g、水 500g、碱 5g。

2. 操作要点

（1）原料预处理 将莲子放在盆内，加入热水，使水浸过莲子。然后用刷子反复刷洗（刷洗时速度要快），待刷洗的水发红色，将水倒掉，再换新热水，按上述要求反复刷洗三至四次，直到莲子全部刷得呈洁白为止。而后用清水洗净。用小刀将莲子两头削去，再把莲子心取出来。把没心的莲子放入盆内，加凉水上屉蒸熟。把水倒掉，将莲子搓成细泥备用。

（2）拌馅 锅内放猪油 100g，白糖 250g。待糖溶化后，把莲子泥放入锅内，用小火炒浓为止，放入盆内晾凉。然后将青梅切成小丁，放入炒好的莲子泥内，搅拌均匀即成莲子蓉馅。

（3）和面 将面粉倒入盆内，加入老酵面和 500g 的水和成面团，发起后加入碱揉匀，搓成条，下 25g 的剂子，揉光按扁，包入 15g 莲子馅，成馒头形状，朝下摆放。适当静置醒发，上屉蒸熟取出即成。

三、枣泥包

（一）方法一

1. 原料配方

发面 1000g、小红枣 1000g、白糖 150g、桂花 50g、猪油或香油 100g、碱适量。

2. 操作要点

（1）原料预处理 把小红枣按扁取出枣核洗净，倒入锅内煮烂（加水不要太多，煮烂即可）。然后过罗除皮备用。

（2）制馅 锅内放入油，加 50g 白糖，待白糖溶化后，倒入枣泥，用小火慢炒，见枣泥发浓时盛入盆内，晾凉后再加桂花即成枣泥馅。

（3）和面　将发面加入适量的碱和剩下的白糖，揉匀搓成条，下剂子，按扁，包入枣泥馅做成馒头形状，适当醒发，上屉蒸熟即可。

（二）方法二

1. 原料配方

面粉1000g、白糖200g、发酵粉30g、即发干酵母5g、枣泥馅600g。

2. 操作要点

（1）和面　将面粉倒入盆内，加入即发干酵母、发酵粉、白糖调匀，加水250g，调制成快速发酵面团。用揉面机反复揉轧至光滑滋润。

（2）整形　将和好的面团卷成长条下剂，将剂按扁，包入枣泥馅，成鸭蛋圆形，压扁成鸭嘴状。用刀切出拇指和无名指，中间部分用顶刀切成梳子刀形（似透非透）。将中间部分向下窝起来，成佛手状。

（3）醒发、蒸制　将整形好的包子生坯排放在托盘上，在醒发室醒发30min左右。进蒸锅大汽蒸熟即可。

四、五仁包

1. 原料配方

面粉1000g、白糖500g、猪板油150g、核桃仁50g、花生仁50g、青梅50g、熟面粉50g、芝麻25g、松子仁25g、瓜子仁25g、老面100g、碱适量。

2. 操作要点

（1）原料预处理　将芝麻炒熟，核桃仁压碎，青梅切成小方丁，花生仁切碎，猪油撕去脂皮，切成方丁。然后和松子仁、瓜子仁混合放在一个盆内，再把白糖500g、熟面粉50g放入拌馅机容器内搅拌均匀。装入小口坛内，用毛头纸封严盖好，放在凉处，一周后即可成为香味浓厚、气味芬芳的甜馅。如急用，搅拌好即可使用，但味道稍差一些。

（2）和面、整形、醒发、蒸制　将面粉倒入盆内，加老面和500g左右水，和成面团，进行发酵。待面发起时，加适量的碱揉匀。搓成条，揪成50g的剂子。揉光按扁，将五仁馅包入，捏好口，做成馒头形状。适当醒发，上屉蒸熟即成。

五、八宝包

1. 原料配方

面粉1000g、老面370g、白糖370g、熟面粉250g、核桃仁125g、糖马蹄125g、葡萄干60g、糖青梅60g、冬瓜条60g、橘饼60g、红枣60g、果味香精15g、碱12g。

2. 操作要点

（1）和面　用温水将老面化开，放入面粉，兑入200g水，和成面团，置暖和处，使之发酵。

（2）原料预处理　用温水将核桃仁闷一下，去皮，剁成碎米粒大小；将糖青梅、红枣胀发，洗净，切成细丝；糖马蹄切成小丁；冬瓜条、橘饼剁成米粒状；葡萄干用温水稍微浸泡一下，待松软后一破为二。然后将以上原料放在一起，加入白糖、熟面粉、果味香精，拌匀成八宝馅。

（3）整形、蒸制　待面团发酵后兑入适量碱，揉匀，搓成长条，揪成20个面剂，按成周围薄、中间厚的圆皮，包入25g八宝馅，将口捏紧，以免漏掉糖，然后剂口向下上笼屉蒸熟。下屉后，在馒头顶端印一个红色的八角形花纹即成。

六、芝麻包

1. 原料配方

面粉1000g、老面300g、白糖150g、芝麻150g、熟面粉50g、果酱50g、温水450g、青红丝少许、碱适量。

2. 操作要点

（1）拌馅　将白糖、果酱倒入盆内拌匀，加入芝麻、熟面粉，轻搓成馅。

（2）和面　将面粉倒在案板上，加入老面及温水 480g，和成面团发酵。

（3）整形　将发好的酵面加入适量碱水，揉匀，搓成 3cm 粗细的长条。按 50g 揪剂，稍撒干面粉，将剂按成中间稍厚、边缘稍薄的锅底形圆皮。然后左手托皮，右手打馅，捏成月牙形，在剂口处锁上花边，再将两角捏合在一起，呈半圆形，并在顶部放少许青红丝。

（4）蒸制　将整形好的生坯摆放到屉内，用大火蒸制 20min 即可。

七、酸菜包

1. 原料配方

（1）皮料　面粉 1000g、温水 450g、泡打粉 20g。

（2）馅料　猪五花肉 800g、酸菜 800g、葱末 150g、猪油 100g、香油 30g、酱油 30g、精盐 6g、味精 6g、排骨精 6g、五香粉 2g。

2. 操作要点

（1）原料处理　把酸菜、猪五花肉分别剁成细小粉末，酸菜末挤净水分。

（2）面团调制　面粉内加入泡打粉拌匀，加温水和成面团，醒发 10min。

（3）馅料调制　猪肉粉末内加入配方内其他调味料搅拌均匀，再放入酸菜末拌匀成馅。

（4）包馅　面团揉匀搓成长条，揪成 30 个大小均匀的剂子按扁，擀成中间略厚、四周略薄的圆皮，抹上馅，用手捏成包子形，收口呈金鱼嘴状。

（5）蒸制　把生坯摆在预热的笼屉内，大火蒸 20min 至熟取出即成。

八、混汤包

1. 原料配方

（1）皮料　面粉 1000g、热水 480g。

（2）馅料　鸡清汤 2000g、羊肉 700g、葱头 250g、香油 100g、香菜 60g、姜末 50g、料酒 40g、酱油 40g、排骨精 15g、精盐 15g、味精 8g。

2. 操作要点

（1）原料处理　羊肉洗净，剁成肉糜；葱头剥去老皮，切成碎末；香菜择洗干净，切成 1.5cm 长的段。

（2）面团调制　面粉放入容器内，用开水烫透和成面团。

（3）馅料调制　羊肉馅放进容器内，加入料酒、酱油、姜末、葱头末及精盐 10g、味精 5g、香油 50g、鸡清汤 120g 搅匀成馅。

（4）包馅　面团揉匀搓成长条，揪成大小均匀的剂子按扁，擀成中间稍厚的圆皮，包入馅料，用手捏成包子形，收口呈金鱼嘴状。

（5）蒸制　生坯摆入预热的蒸锅内，大火蒸 15min 至熟取出。

（6）淋汤　蒸包放入碗内，撒入香菜段。锅内加入余下的鸡清汤、精盐、味精及排骨精烧至滚沸，倒入盛有包子的碗内，淋入余下的香油即成。

九、水晶包

1. 原料配方

面粉 1000g、水 400g、白糖 300g、老面 100g、猪板油 60g、青红丝少许、碱水适量。

2. 操作要点

（1）拌馅　将猪板油脂皮去掉，切成 6mm 厚的片，撒上白糖拌匀，再切成小方丁。青红丝切细，混合在一起，搓拌均匀，制成水晶馅备用。

（2）和面　将面粉倒入盆内，加入老面和水和成面团，进行发酵。待发起后，加适量的碱水揉匀，搓成条，揪成 25g 的剂子。揉光按扁，包入水晶馅，收好口，做成馒头形状。收口朝下，摆放在屉上蒸熟。取出后，注意不要粘皮。逐个打一小红点即可。

十、蔬菜包

1. 原料配方

面粉 1000g、莲花白 1000g、清水 400g、猪油 200g、水发竹笋 200g、葱花 100g、老面 100g、芹菜 100g、食盐 10g、味精 10g、花椒粉 10g、酱油 10g、苏打 10g。

2. 操作要点

（1）和面　将面粉加入水和老面反复揉匀，发泡，加入苏打揉匀，盖上湿布，静置 10min 左右。

（2）制馅　将莲花白洗净，入沸水锅中焯起，沥干水分，用刀剁细，包入纱布挤干水分；芹菜洗净剁细；水发竹笋焯水后捞起，撕成条，切细。莲花白、芹菜、竹笋入盆，加入盐、酱油、味精、花椒粉、猪油拌匀成馅。

（3）和面　将面团略揉，搓条，下成 10 个小面剂，用手按遍，包入菜馅，用手指提捏 18～20 个褶，收好剂口。

（4）蒸制　把整形好的包子放到刷油的笼中，再用大火蒸 10～20min。

十一、果酱包

1. 原料配方

面粉 1000g、即发干酵母 3g、碱适量、水 440g、果酱 200g。

2. 操作要点

（1）和面　将面粉与即发干酵母倒入和面机内进行拌匀，加入水和碱，搅拌 10min 左右，和成柔软面团。进发酵室，发酵 50～60min。

（2）整形　待面团发起，揉轧 10 遍左右，形成光滑的面片。面片在案板上卷成条，下 50～100g 面剂，按扁成圆片。在圆片中心放上果酱约 20g，双手将其包成豆角形或月牙形，再在接缝的边上捏出花纹。

（3）醒发、蒸制　排放于托盘上，进醒发室醒发 60～70min，入蒸柜 0.03MPa 蒸制 22～26min。冷却包装。

十二、干菜包

1. 原料配方

面粉 1000g，老面 260g，五花肉 330g，梅干菜 200g，冬笋 60g，酱油 60g，白糖 60g，香油 40g，猪油 40g，黄酒、味精、姜末各少许，碱水适量。

2. 操作要点

（1）原料预处理　把肉放入锅内，用开水煮烫一下捞出，用凉水洗净，再放入锅内，加酱油、白糖、黄酒等调料和适量水，用大火烧开，然后微火慢炖，至肉酥烂取出，切成豆粒大小的肉丁待用。

（2）制馅　将梅干菜用温水洗净，放入屉内蒸 2h 取出，切成碎末，放入肉丁内，加入姜末、猪油、香油、味精等搅拌均匀。冬笋用沸水煮熟，切成碎末，也加入肉丁内，搅拌成馅。

（3）和面　将面粉放在案板上加入老面，温水 460g，和成发酵面团，待醒面发起，加入碱水揉匀、稍醒。

（4）整形　将面团搓成直径 3cm 粗细的长条，按每 50g 一个揪剂，将剂擀成中间稍厚、边缘稍薄的圆面皮。左手托皮，右手打馅，然后用右手边包边捏褶，收紧剂口呈菊花形。

（5）醒发、蒸制　把生坯摆入屉内，适当醒发，用大火蒸约 20min 即熟。

十三、素菜包

1. 原料配方

面粉 1000g、老面 200g、小苏打适量、豆芽 1000g、油菜 400g、水发粉条 200g、水发香菇 100g、水发木耳 100g、芝麻油 150g、精盐 20g、味精 15g、胡椒粉 10g。

2. 操作要点

（1）制馅　将豆芽、油菜择洗干净，用开水烫一下，过凉后用刀切细，用布挤干水分放入盆内。水发粉条切成小段，水发香菇、木耳切成小碎粒，放入豆芽、油菜内，加入精盐、味精、胡椒粉，淋上芝麻油拌匀待用。

（2）和面　将面粉放在案板上，开成窝形，加入老面、小苏打、500g 温水和成面团，揉匀揉透，稍醒。

（3）包馅　将醒好的面团搓成长条，揪成约 35g 的剂子，擀成圆形皮子，左手拿皮，右手用馅尺抹约 30g 馅心略收拢，用右手拇指和食指提褶收口，捏成圆形包子。

（4）发酵、蒸制　将包子坯在醒发室内醒发后，用大火沸水蒸 15～20min。

十四、三鲜包

1. 原料配方

（1）皮料　面粉 1000g、温水 450g、泡打粉 20g。

（2）馅料　鱼肉 400g、羊肉 400g、姜末 100g、葱末 100g、鲜汤 100g、豆油 50g、猪油 50g、鸡肉 40g、料酒 40g、酱油 20g、排骨精 6g、精盐 6g、味精 4g、胡椒粉 2g。

2. 操作要点

（1）原料处理　鸡肉切成米粒状，鱼肉、羊肉均剁碎。

（2）面团调制、醒发　在面粉内加泡打粉搅拌均匀，加入用温水和成软面团，醒发 10min。

（3）馅料调制　将鸡肉、鱼肉、羊肉放在一起，加入全部调味料调匀成馅。

（4）包馅　面团搓成长条，分揪成 30 个大小均匀的剂子按扁，擀成中间稍厚、四周薄的圆皮，抹上馅，提褶捏成包子生坯。

（5）蒸制　把生坯摆在预热的笼屉内，大火蒸 15min 至熟取出即成。

十五、羊肉包

1. 原料配方

（1）面皮配方　面粉 1000g、水 530g、即发干酵母 10g、碱适量。

（2）馅料配方　羊肉 500g、白菜 400g、香油 50g、酱油 50g、花椒水 20g、葱 50g、姜 10g、面酱 10g、细盐少许。

2. 操作要点

（1）和面　面粉、水、即发干酵母混合在一起，搅拌均匀，加适量的碱揉匀，略醒。

（2）制馅　将白菜洗净，切碎，挤去水分；葱切成末，姜切末备用。将羊肉去筋，切碎，放盐、花椒水，然后再放酱油，顺着一个方向搅拌，见有黏性时，放葱、姜、香油、面酱，最后将白菜馅放入拌匀。

（3）成型、蒸制　将面揉匀，搓成条，下 8g 的剂子，擀成圆片，打馅包成包子，两头往里一捏，成道士帽形状，上屉蒸 6～7min 即熟。

十六、糖三角

1. 原料配方

面粉 10kg、即发干酵母 18.5g、白糖或红糖 1.5kg、碱水适量、水 4.5kg。

2. 操作要点

（1）和面发酵　面粉 8.5kg 在和面机内与即发干酵母拌匀，加水，搅拌 3～5min，进发酵室发酵 50～70min，至面团完全发起。

（2）调馅　取面粉 0.75kg 加于糖中搅拌均匀，防止高温下糖熔化流出。

（3）成型　发好的面团加碱水和 0.75kg 面粉，搅拌 8～10min，至面筋扩展。取 2kg 左右的面团揉轧 10 遍左右，至面片光滑。面片在案板上卷成条，揪成 70～80g 的面剂。将面剂按扁，擀成圆片，包入糖馅，用双手捏成三角形包子。

（4）醒发汽蒸　将糖包坯排放于托盘上，上架车入醒发室醒发 40～60min。推入蒸柜 0.03MPa、蒸制 23～25min。

十七、天津包子

1. 原料配方

（1）皮料　面粉 1000g、老面 150g、温水 450g、食用碱 6g。

（2）馅料　猪肉糜 800g、味精 6g、香油 100g、葱末 30g、猪骨汤 500g、酱油 15g、姜末 30g。

2. 操作要点

（1）面团调制、发酵　把面粉放进容器内，加入用适量温水溶开的老面和成面团，盖湿布发酵至面团原体积 2 倍大。

（2）加碱、醒发　把食用碱用少量水化开，揉入发酵的面团内，揉匀后再醒发 10min。

（3）馅料调制　猪肉糜分次搅入酱油和猪骨汤，再放入味精、葱末、姜末、香油搅匀成馅。

（4）包馅　面团搓成长条，揪成 40 个大小均匀的剂子，面剂沾上面粉，滚圆按扁，擀成中间略厚、周边稍薄的包子皮，抹上馅，收口捏 17 个左右的褶子即可。

（5）蒸制　把生坯摆在预热的笼屉内，大火蒸 15min 即成。

十八、蟹黄汤包

1. 原料配方

面粉 1000g、猪肉 900g、肉皮 500g、猪腿骨 500g、老面 350g、猪油 250g、蟹油 250g、酱油 150g、香葱 100g、香葱末 100g、姜 50g、芝麻油 70g、绵白糖 50g、葱姜汁水 50g、精盐 40g、黄酒 25g、食用碱 10g、味精 4g、白胡椒粉 3g。

2. 操作要点

（1）和面　将温水 500g 倒入装有 350g 老面的盆中，用手抓捏成稀浆，加入面粉和匀，揉成团，发酵后，加入用水溶化的食用碱，揉匀，稍醒待用。

（2）预处理　将肉皮切去肥膘，去净毛，刮洗干净，与猪腿骨一起加入沸水锅中略烫，捞起。另用清水 2000g，加入香葱和姜烧至肉皮烂（夏季七成烂，冬季八成烂），取出用绞肉机绞碎，装入锅内，加原汤750g，白胡椒粉2g，酱油100g，绵白糖25g，精盐20g及黄酒和香葱末烧沸，撇去浮沫，熬至黏稠，装入盆内，冷后放进冰箱冷凝成肉皮冻。

（3）制馅 猪肉洗净剁细，加入余下的绵白糖、精盐、酱油、芝麻油、蟹油、白胡椒粉、味精、葱姜汁水、猪油拌匀，再加入切成小粒的肉皮冻拌匀成馅。

（4）整形 将面团搓成条，扯成100个小面剂，按扁，依次包入馅心成包子形生坯。

（5）蒸制 把生坯摆入屉内，放到大火沸水上蒸制7～10min至包子口湿润，皮不粘手时即为成品。

十九、油丁沙包

1. 原料配方

面粉1000g、澄沙馅500g、老面200g、猪油100g、桂花酱50g、碱适量。

2. 操作要点

（1）和面 将老面放入盆内，加水500g抓开，倒入面粉和成面团发酵。

（2）拌馅 把猪油切成小方丁，和桂花酱一起放入澄沙馅内，搅拌均匀备用。

（3）成型、蒸制 待面发起时，加入适量的碱揉匀，搓成条，揪成25g一个的剂子，揉圆按扁，包入油丁澄沙馅，包成鸭蛋圆形，逐个包好摆屉上，蒸熟即成。

二十、玫瑰花包

1. 原料配方

面粉1000g、白糖1000g、猪板油150g、熟干面100g、老面100g、鲜玫瑰花25g、水500g、碱适量。

2. 操作要点

（1）拌馅　将鲜玫瑰花洗净，沥净水。猪板油切小方丁。白糖擀碎放在案板上。将鲜玫瑰花、猪油丁、熟干面和白糖混合放在一起，用手在案板上搓拌均匀。然后放入坛内，将口封严，放凉处，一周后即成香味浓厚的玫瑰馅。如急用，搓拌好即可使用，但效果稍差。

（2）和面、成型、蒸制　将面粉倒入盆内，加老面和500g左右的水，和成面团，进行发酵。待发起后加适量的碱揉匀，搓成条，揪成25g的剂子，揉光按扁，包入玫瑰馅，收口要严，防止漏馅。做成馒头形状，收口朝下，静置5～6min，上屉蒸熟取出即成。

二十一、鲜肉包子

1. 原料配方

面粉1000g，猪肉400g，老面400g，鸡汤400g，葱末80g，姜末80g，料酒80g，精盐、酱油、味精、胡椒粉、香油、糖、碱各适量。

2. 操作要点

（1）制馅　将猪肉绞成肉糜放入盆里，加味精、精盐、料酒用力搅拌均匀，再将鸡汤分3次加入。边加边顺着一个方向搅拌，搅至黏稠为止，然后加入香油、糖、酱油、胡椒粉、料酒、葱末、姜末即成馅心。

（2）和面、发酵　把面粉加入老面和清水和成面团，进行发酵。

（3）整形　待面发起，加入碱面，揉匀揉透，静置几分钟后，开始揉条，揪成10个剂子，擀皮，上馅，捏成提褶，收口处捏成细花纹，即成包子生坯。

（4）蒸制　将整形好的包子生坯摆入屉中，用大火沸水蒸15～20min即为成品。

二十二、酱肉包子

1. 原料配方

面粉1000g、带皮五花肉500g、白菜400g、酱油50g、干酵母10g、花椒10g、大茴香4g、葱120g、生姜片10g、碱2g、精盐适量。

2. 操作要点

（1）制馅　将带皮五花肉洗净，去除残留毛根。卤汤罐加入酱油、花椒、大茴香、生姜片、葱段 20g 和盐，烧开后放入带皮五花肉，大火烧沸，再小火焖煮 3～4h，至肉酥皮烂。取出淋水、冷却后切成 7mm 的肉丁。再将白菜洗净，切碎，挤去水分；100g 葱切成末。白菜汁、精盐放入肉馅，搅拌均匀。再加入碎白菜和葱末，拌匀即可。

（2）和面　将干酵母加入面粉中搅拌均匀，加 460g 水及适量的碱水和成发酵面团，略醒。

（3）包馅、醒发、蒸制　将面揉匀，搓成条，下 60g 的剂子，擀成圆片，打馅包成包子，成菊花形状。醒发 30～40min，上屉蒸22～25min 即熟。

二十三、开花枣包

1. 原料配方

面粉 1000g、酵母 5g、水 450g、碱适量、蜜枣 200g。

2. 操作要点

（1）和面　将面粉与酵母在和面机内拌匀，加入水和碱，搅拌10～12min，形成延伸性良好的面团。在发酵室中发酵 80min 左右，至面团充分发起。

（2）整形　将面团揉轧 10 遍左右，形成光滑的面片。面片在案板上卷成条，下 50～70g 面剂，按扁成圆片，将一颗蜜枣包入，接口朝下放于托盘上，用刀在坯上面割十字口，使蜜枣露出。

（3）醒发、蒸制　在醒发室醒发 30min 左右，进蒸柜0.03MPa 汽蒸 22～26min。冷却包装。

二十四、破酥包子

1. 原料配方

面 1000g、老面 100g、猪肉（三分肥、七分瘦）1000g、水发玉兰片 100g、水发香菇 100g、熟猪油 300g、水发金钩 100g、苏打

8g、精盐 2g、酱油 30g、料酒 20g、胡椒粉 2g、味精 2g。

2. 操作要点

（1）和面　将面粉 800g 加水、老面调匀，揉成面团发酵。发酵后放入适量苏打水揉匀揉透，饧 15min。另将面粉 200g 加入熟猪油 150g，揉搓成油酥面团。

（2）制馅　将猪肉、水发香菇、水发玉兰片、水发金钩均切成米粒状。锅置中火上，猪油烧至六成热时，下猪肉炒散，再加入玉兰片、香菇炒匀，随即加入酱油、料酒、精盐，稍炒后起锅。再加入金钩、胡椒粉、味精拌成馅。

（3）包制、蒸制　在案板上撒少许面粉，饧好的面团放在上面，用双手将面团搓成长条，揪成 20 个面剂，同时把油酥面也分成 20 个剂子。将油酥面剂包入发酵面剂中，用手按扁。擀成 16cm 长的牛舌形，由外向内卷成圆筒，两头向中间重叠为三层，再按扁擀成圆皮。包入馅心，收口处捏上细花纹，放入蒸锅内，用大火沸水蒸约 15min 以上即为成品。

二十五、五丁包子

1. 原料配方

面粉 1000g，老面 300g，猪肉 500g，鸡肉 300g，水发香菇 300g，肥肉膘 300g，海米 100g，酱油 50g，猪油 50g，香油 30g，味精、精盐、花椒面、葱花、姜末各适量。

2. 操作要点

（1）和面　将面粉倒在案板上，加入老面和 500g 温水，和成发酵面团。

（2）制馅　将海米洗净，再将猪肉、鸡肉、水发香菇、肥肉膘和海米一起切成豆粒大小的小丁。再将勺内放 50g 的猪油，等油加热后，先把葱花和姜末煸炒一下，再加入鸡肉丁、猪肉丁、肥肉膘丁、蘑菇丁和海米丁，然后再加入精盐、酱油、味精、花椒面和香油，拌匀成馅。

（3）包馅　将发好的酵面加入适量碱揉匀，搓成 2cm 粗细的长条，揪成每15g一个的面剂，将剂擀成中间稍厚、边缘稍薄、直径约6cm的圆皮。然后左手托皮，右手打馅，再用右手边包边捏褶，收严剂口呈菊花状，即成。

（4）蒸制　把生坯放进蒸屉，用大火蒸约10min即熟。

二十六、水馅包子

1. 原料配方

面粉1000g，猪肉800g，老面300g，海米、大葱、姜末、花椒面、猪油、酱油、碱、精盐各适量，味精、香油少许。

2. 操作要点

（1）和面　将500g的面粉倒在案板上，然后倒入老面和适量温水，和成发酵面团，揉匀稍饧。

（2）制馅　将猪肉剁成肉泥，然后倒入酱油搅拌均匀，再分数次添水（每1000g肉吃水700g），朝一个方向搅拌，待肉馅呈糊状时，即可放进海米、花椒面、精盐、味精、姜末、葱花，最后倒入香油拌匀成馅。

（3）和面　将发好的酵面加入适量碱，揉成面团，再将剩余的500g面粉用温水和成水调面团，然后把两块面团一起揉匀揉透，待用。

（4）包馅　将面团搓成2cm粗细的长条，按量揪剂，将剂擀成中间稍厚、边缘稍薄的圆皮。然后左手托皮，右手打馅，再用右手边包边捏褶，最后收严剂口呈菊花形即成。

（5）蒸制　将生坯摆入屉内用大火蒸熟即可。

二十七、龙凤包子

1. 原料配方

面粉1000g，老面300g，鱼肉240g，鸡肉240g，酱油50g，黄酒24g，葱末24g，姜末24g，芝麻10g，虾子24g，精盐、味精、鸡汤、白糖各少许，碱水适量。

2. 操作要点

（1）制馅　将鱼肉去刺后剁成蓉，鸡肉剁成米粒大小的丁，然后把鱼肉、鸡肉放入盆内，加酱油、黄酒、葱末、姜末、精盐、味精、白糖拌匀，再添少许鸡汤，搅成浓稠糊状。把虾子煸一下，芝麻炒熟，随即把虾子、芝麻投入馅内，拌匀。

（2）和面　将面粉倒在案板上，加上老面、温水500g，和成面团，稍醒。待面团发起，加入碱水，揉匀。

（3）包馅　将面团搓成直径2cm粗细的长条，按每25g一个揪剂，稍撒于面粉，将剂擀成中间稍厚、边缘稍薄的圆皮。左手托皮，右手打馅，再用右手边包边捏褶，收严剂口成菊花状即成。

（4）蒸制　将生坯摆入屉内，用大火蒸12～15min即熟。

二十八、松毛汤包

1. 原料配方

面粉1000g，干酵母10g，猪肉1000g，肉皮1000g，酱油200g，香油100g，黄酒50g，芝麻50g，白糖50g，姜末、胡椒粉、味精各少许，大葱一段，老姜一块，盐适量。

2. 操作要点

（1）制馅　首先将肉皮洗净，用水冲一下，然后换清水加黄酒、大葱、老姜煮烂，捞出剁碎后倒回原汤内搅匀，晾凉即成汤冻，切碎备用。再将肉洗净剁碎，放入盆内加入酱油、香油、芝麻、白糖、姜末、胡椒粉、味精拌匀，放盐调好口味，而后放进汤冻搅成馅备用。

（2）和面、包馅　将500g的面粉加酵母和成面团发酵，再将另外500g面粉调制成水面团，混合一起，放入适量的碱揉匀，搓成条，揪成12g的剂子，按扁，包入馅，捏成花边状。

（3）蒸制　将松树的针状叶铺在小笼屉上，再将汤包摆放齐，大火蒸6～7min即熟。

二十九、牛肉萝卜包

1. 原料配方

（1）皮料　面粉1000g、温水480g、泡打粉20g。

（2）馅料 大萝卜600g、牛肉500g、鸡汤100g、猪油40g、葱末30g、料酒20g、姜末20g、香油15g、酱油12g、食盐10g、十三香4g、味精4g。

2. 操作要点

（1）原料处理 萝卜洗净擦成细丝，用精盐3g稍腌，挤去水分，剁成末备用。牛肉剁成糜。

（2）面团调制、醒发 在面粉中放入泡打粉拌匀，用温水和成面团，醒发10min。

（3）馅料调制 牛肉糜中分次加入料酒、酱油、鸡汤、余下的精盐和味精、十三香粉、葱末、姜末、猪油、香油搅拌均匀，放进萝卜末拌匀成馅。

（4）包馅 面团揉匀搓成长条，揪成大小均匀的剂子按扁，擀成中间稍厚的圆皮，包入馅料，用手捏成包子形，收口呈金鱼嘴状。

（5）蒸制 生坯摆入预热的蒸锅内，大火蒸15min至熟取出即成。

三十、荞面灌汤包

1. 原料配方

（1）皮料 荞麦面1000g、开水适量、温水480g。

（2）馅料 五花肉700g、鸡汤700g、酱油100g、葱末100g、面酱30g、香油25g、姜末20g、味精4g、十三香2g。

2. 操作要点

（1）面团调制、醒发 把荞麦面放入容器内，加开水和成烫面，再加温水和剩下的荞麦面和成面团，揉匀醒发。

（2）馅料调制 五花肉洗净剁成肉馅，然后再肉馅中放入酱油、面酱、味精、姜末、十三香拌匀，再分次加入鸡汤顺一个方向搅拌上劲，至肉馅成稀糊状。鸡汤一定要分多次加入肉馅内，充分搅拌上劲，与肉末融合。再放入葱末、香油搅匀，放进冰箱中冷藏1h，可以使馅料更加黏稠，有利于包制。

（3）包馅　面团搓成长条，揪成 40 个大小均匀的剂子，按扁后擀成中间厚、边缘薄的包子皮。包子皮中放进馅料，用手捏成包子形，收口呈金鱼嘴状。收口不要捏死，留一小口，以防馅汤过多，在蒸制过程中包子胀裂。

（4）蒸制　把生坯摆在预热的笼屉内，大火蒸 10～15min 即成。

三十一、猪肉小笼包

1. 原料配方

（1）皮料　面粉 1000g、温水 480g、干酵母 15g。

（2）馅料　五花肉 1000g、食盐 15g、味精 6g、花椒 2g、香油 25g、热水 200g、小葱 50g、白糖 25g、胡椒粉 6g、料酒 10g、酱油 12g、生姜 15g。

2. 操作要点

（1）原料预处理　花椒用热水浸泡 10min，五花肉洗净剁成肉馅，生姜、小葱切末。

（2）面团调制、醒发　干酵母用少许水化开，倒入面粉中搅拌均匀，再分次加入剩下的水揉搓均匀，盖湿布发酵至面团原体积 2 倍大。把发酵好的面团揉搓至面团内无气体后备用。

（3）馅料调制　将肉馅中加入食盐、白糖、味精、料酒、胡椒粉、香油和酱油，搅拌均匀，再分多次加入晾凉的花椒水搅打上劲，直到花椒水被完全吸入肉馅中，再加入葱姜末拌匀，放入冰箱中冷藏 1h。肉馅中放入花椒水可以去腥提鲜，还可以保持肉馅的滑嫩口感。

（4）包馅　把揉匀的面团搓成长条，分割成每个重约 25g 的剂子，按扁后擀成中间厚、边缘薄的包子皮。包子皮中放进馅料，用手捏成包子形，收口呈金鱼嘴状。

（5）醒发、蒸制　将包好的包子生坯盖上湿布醒发 20min。

醒发后入凉水锅中大火烧开转小火蒸 10min，包子蒸好关火 3min 以后再开盖，包子就不会塌陷。

三十二、松果麻蓉包

1. 原料配方

面粉 1000g，老面 150g，绵白糖 300g，猪板油 150g，黑芝麻 150g，熟面粉、可可粉各适量，蜜桂花、食用碱各少许。

2. 操作要点

(1) 制馅　将芝麻挑出杂质洗净沥干，放入炒锅内用微火不停地翻炒，直炒至芝麻胀起，喷发香味，发出劈啪声，用手一捻就碎，起锅倒在案板上，用擀面杖压碎成屑。猪板油撕去膜绞碎盛盘，加入绵白糖、芝麻屑、熟面粉与蜜桂花一起拌匀，擦透(馅要捏得拢，不粘手)，制成麻蓉馅。

(2) 和面　将面粉放于案板上。将老面放入盆中，用温水调稀，倒入面粉中，拌和均匀，保温发酵。

(3) 整形、醒发　将面团发好后兑碱揉匀，搓成圆条，揪成 25g 的面剂，每个包入麻蓉馅收口包拢，捏成"松果"形，整齐排放于蒸屉上，醒发 10min 左右。

(4) 蒸制　将松果包醒好后，用大火蒸 10min 取出。逐个趁热撕去包子表皮，表面(由上而下)剪出数层松果瓣，可可粉加入少许绵白糖用水调匀，用刷子涂在松果瓣上，上笼蒸 2min 即成。

三十三、五彩果料包

1. 原料配方

面粉 1000g、老面 300g、白糖 200g、橘饼 20g、玫瑰酱 20g、芝麻 60g、冬瓜条 200g、果脯 180g、青梅 50g、青红丝少许、碱适量、温水 480g。

2. 操作要点

(1) 和面　将面粉倒在案板上，加入老面和温水，搅拌均匀，调制成发酵面团。等酵面发起后，再加入碱水，压揉均匀，稍微饧发。

（2）拌馅　将白糖擀碎，橘饼切成小丁，加少许面粉和青红丝，再放入玫瑰酱、芝麻5g，搓拌成馅。

（3）整形　将面团搓成2cm粗细的长条，按量揪剂，将剂按成中间稍厚、边缘稍薄的圆皮，然后左手托皮，右手打馅，再收紧口呈馒头状即成。

（4）制装饰料　将冬瓜条、青红丝切成末，青梅、果脯切成小丁，加芝麻拌匀成装饰料。将包好的馒头生坯蘸少许水，滚上冬瓜条、青红丝等装饰料（底部不沾）。

（5）蒸制　将装饰好的生坯摆入屉内，用大火蒸制20min左右，蒸熟即可。

三十四、鱼肉韭菜包

1. 原料配方

面粉1000g，鲜酵母50g，带鱼600g，猪肥肉200g，嫩韭菜400g，香油100g，料酒30g，葱白一根，鲜姜、味精各少许，精盐适量。

2. 操作要点

（1）和面　先将鲜酵母放碗内，加少许温水化开。面粉放入盆内，倒入酵母液拌匀后加适量水和成面团，保温发酵。

（2）制馅　将葱白去根，洗净，切成末；鲜姜刮去皮，洗净后切成细末；韭菜择选好，清洗干净后切成米粒大小的丁。再将带鱼去头、去尾、去内脏，洗净，放锅内蒸熟后，取出去净骨刺。将猪肥肉洗净后与去骨刺的鱼肉放一起剁成泥，放盆内加入葱末、姜末、料酒、精盐、味精和适量水，用筷子顺一个方向搅至黏稠状时，加入韭菜粒和香油拌匀即成馅料。

（3）和面　将发好的面团放在案板上揉透后，用双手将面团搓成长条，切成15g的面剂，按扁。擀成中间稍厚、边缘稍薄的圆面皮。每张皮中央放上适量馅料，将面皮边缘折起收口，中间要留一小孔便于蒸汽进入，然后码在笼屉内，置旺火沸水锅中蒸10min即可成熟。

三十五、蚝油叉烧包

1. 原料配方

发面 1000g、叉烧肉 330g、猪肉 330g、淀粉 20g、白酱油 13g、白糖 40g、蚝油 13g、胡椒粉少许、麻油 6g、酱油 10g、水 120g。

2. 操作要点

(1) 制馅　将叉烧肉切成片状。烧热锅，加入水，再加入酱油、白酱油、猪肉、蚝油、白糖、胡椒粉烧沸。另将淀粉加清水搅匀，冲入酱油沸水锅内勾芡，成叉烧色浆料，待冷却后，放入麻油、叉烧片，拌匀待用。

(2) 和面、包馅　将发面揉匀，搓成条，揪成小面剂，逐只在案板上按扁（四周薄些，中间厚些），将皮子托在手上，取叉烧肉馅放在皮子中央，四周包起，捏成包子。

(3) 醒发、蒸制　将包馅好的包子坯料放在温暖处醒发 5min 左右取出，放入热蒸笼内饧一饧，上笼蒸熟后取出即成。

三十六、豆芽鲜肉包

1. 原料配方

面粉 1000g，鲜酵母 50g，猪肉 1000g，绿豆芽 400g，葱 2 根，酱油 20g，料酒 30g，香油 40g，精盐、香醋各适量，鲜姜、味精、胡椒粉各少许。

2. 操作要点

(1) 发酵　将鲜酵母放碗内，加少许温水化开。面粉放入盆内，倒进酵母液拌匀后加适量水和成面团，保温发酵。

(2) 制馅　将猪肉洗净剁成肉泥，放于小盆内。葱去根洗净后切成末；鲜姜刮去皮，洗净，切成细末；绿豆芽择洗干净，入开水锅焯一下即捞出，沥干水分，切碎。将葱末、姜末放在肉泥盆内，再加入酱油、料酒、精盐、味精、胡椒粉和适量水，朝一个方向用力搅至水肉融合，黏稠上劲时，再加入绿豆芽和香油拌匀成馅。

（3）包制、蒸制　在案板上撒少许面粉，面团放在上面，用双手将面团搓成长条，揪成面剂，按扁。擀成中间稍厚、边缘稍薄的圆面皮。包进适量馅，即成包子生坯。码在屉内，置大火沸水锅中蒸熟即成。装盘，与香醋碟同时上桌供食。

三十七、韭菜海米包

1. 原料配方

面粉 1000g，鲜酵母 500g，韭菜 1000g，猪油 100g，海米 200g，料酒 30g，白糖 20g，香油 40g，精盐适量，姜粉、味精各少许。

2. 操作要点

（1）和面　将鲜酵母放碗内，加少许温水化开。面粉放入盆内，倒入酵母液拌匀后加适量水和成面团，保温发酵。

（2）制馅　将韭菜择洗好，清洗干净后切成米粒大小的小丁，放入盆内，加香油、精盐和味精拌匀。海米洗净，放少许热水中泡软后切细，加入料酒拌匀，腌 10min 后倒入韭菜盆内，然后加入精盐、姜粉、白糖和味精拌匀成馅。

（3）和面、整形、蒸制　在案板上撒少许面粉，发好的面团放在上面，用双手将面团搓成长条，切成 25g 面剂，按扁。擀成中间稍厚、边缘稍薄的圆面皮。包入馅料，码在笼屉内，置大火沸水锅中蒸 15min 即为成品。

三十八、咖喱牛肉包

1. 原料配方

面粉 1000g，鲜酵母 50g，牛肉 1000g，白萝卜 600g，香菇 40g，鲜姜 1 块，葱 2 根，料酒 30g，白糖 30g，熟猪油 100g，香油 40g，精盐、咖喱粉各适量，水淀粉、味精各少许，鸡汤 400g。

2. 操作要点

（1）和面、发酵　将鲜酵母放碗内，加少许温水化开。面粉放入盆内，倒入酵母液拌匀后加适量水和成面团，保温发酵。

（2）制馅　将白萝卜洗净，擦成细丝放盆内，加适量盐拌匀，腌30min，捞出挤干水。葱去根洗净后切成末；鲜姜刮去皮，洗净，切成细末；香菇洗净后放温水中泡发，捞出挤干水，去柄，切成小丁；牛肉洗净后剁成米粒状的末。炒锅内放熟猪油，置炉火上烧热，先放入葱末爆炒，倒入肉末，加姜末、料酒迅速炒散盛出。炒锅内放少许油，放入咖喱粉炒出香味后，倒入萝卜丝炒几下，放入牛肉末、鸡汤、精盐、白糖、味精和香油，炒匀，淋入水淀粉勾芡即为馅料。

（3）包馅、蒸制　将发酵好的面团放于案板上，揉透后搓成长条，切成面剂，按扁。擀成中间稍厚、边缘稍薄的圆面皮。包入适量馅，即成包子生坯。码在屉内，置大火沸水锅中蒸熟即成。

三十九、长垣灌汤包

1. 原料配方

（1）主料　面粉1000g。

（2）配料　猪肥瘦肉1000g。

（3）调料　鸡汤800g、小磨香油200g、酱油150g、味精1g、姜末20g、精盐20g、料酒20g、虾子20g。

2. 操作要点

（1）发面　面粉用温水和成不软不硬的面团，揉匀揉透。

（2）制馅　将猪肥瘦肉剁成肉末，加入酱油、味精、料酒、精盐、姜末、虾子和鸡汤。鸡汤分两次加入，搅至上劲，加入小磨香油搅拌均匀，即成馅料。

（3）包馅成型　将揉透的面团揉至光滑，搓成长条，揪成45个面剂，再擀成中间稍厚、周边薄的圆面皮，包入馅料，捏成具有16～18个褶纹的封口包子生坯。

（4）蒸制　将生坯摆进小笼屉里，用大火沸水蒸15min左右即熟，原笼上桌即成。

四十、馨香灌汤包

1. 原料配方

(1) 主料 富强粉 1000g。

(2) 配料 老面 200g、猪肥瘦肉 500g、大葱 300g、碱水适量。

(3) 调料 鸡汤 500g、酱油 150g、精盐 10g、味精 10g、甜面酱 150g、姜末 50g、料酒 10g、油适量。

2. 操作要点

(1) 和面 将老面加入富强粉中搅拌均匀，再加入适量的清水拌匀，和成面团揉匀，盖上湿布醒发约 60min。再将发好的酵面团兑入碱水，揉匀揉透。

(2) 制馅 把猪肥瘦肉剁成肉末，大葱切成葱花。猪肉末加入精盐、酱油、姜末、料酒、味精，进行搅拌，逐渐加入鸡汤，边加边顺着一个方向搅动至呈糊状，加入甜面酱、葱花、油搅拌均匀.成为馅料。

(3) 包馅、成型 将揉好的面团搓成长条，揪成 15 个面剂，再擀成圆形面皮，包入馅料，捏成菊花状包子生坯。

(4) 蒸制 将生坯摆入屉中，用大火沸水蒸约 10min 即成。

四十一、雪笋肉末包子

1. 原料配方

面粉 1000g，老面 300g，雪里蕻 150g，冬笋 50g，五花肉 300g，姜末 25g，猪油 70g，酱油 60g，鸡汤 150g，碱、盐、大葱末、香油、黄酒、白糖、味精各适量。

2. 操作要点

(1) 原料预处理 把雪里蕻用水洗净，浸泡 20min，挤干水分，切成碎末，勺内加猪油 40g，烧热后投入姜末、大葱末略炸一下，待葱、姜发香味时，投入雪里蕻煸炒，到雪里蕻无苦涩味，并出现香味时出锅倒入盆内晾凉待用。

（2）制馅 把五花肉切成豆粒大的丁，用30g猪油煸炒一下，待发出香味时，加入冬笋末，再炒片刻，加入黄酒、酱油、盐、白糖炒至入味后，加150g鸡汤，开锅后迁到微火上慢烧，直至肉末发酥，汤汁干浓，即可出锅，晾凉后与雪里蕻一起搅拌，最后加入味精、香油，拌匀成馅。

（3）包馅 把面粉倒在案板上，加入老面，加温水460g，和成发酵面团，待醒面发起，加入碱水，揉匀，搓成直径2cm粗细的长条，按每10～15g一个揪成面剂，稍撒于面粉，将剂擀成中间稍厚、边缘稍薄的圆面皮。然后打入馅心，用右手边包边捏褶，收严剂口呈菊花形。

（4）蒸制 把生坯摆入屉内，用大火蒸约10min即熟。

四十二、天津狗不理包子

1. 原料配方

面粉1000g、食用碱10g、骨头汤700g、酱油100g、糯米粉20g、老面150g、肉500g、香油100g、葱花100g。

2. 操作要点

（1）和面 在150g老面中倒入500g温水，在盆中搅拌均匀，加入面粉和匀，揉成面团，发酵后，加入用水溶化的食用碱，揉匀，稍醒待用。

（2）制馅 将猪肉洗净剁细后放进盆里，分三次加入酱油（每加一次拌匀后再加），再加入糯米粉搅拌均匀后，加入骨头汤，放入葱花和香油搅拌均匀成馅。

（3）整形 将面团搓成约3cm粗的长条，扯成30g重小面剂，擀成中间稍厚、边缘稍薄的团片，包入25g馅，将剂口捏成16～18个褶即成生坯。

（4）蒸制 将生坯放入屉内，放到大火沸水上蒸制5～8min即成。

四十三、开封小笼灌汤包

1. 原料配方

113

面粉 1000g、水 500g、干酵母 15g、猪后腿肉 1000g、酱油 80g、料酒 30g、姜末 30g、味精 11g、盐适量、小磨香油适量、白糖 7g。

2. 操作要点

(1) 制馅　将猪后腿肉绞成馅，放入盆内，加上酱油、料酒、姜末、味精、盐、白糖。冬季用温水 800g，夏季改用凉水 700g，分 5～6 次加入馅内，搅成不稀不稠的馅，最后加入小磨香油搅匀。

(2) 和面　将 500g 的水（冬季用热水，春秋季用温水，夏季用凉水）倒入 1000g 面粉内，加入干酵母，把面和匀。和面时不要将水一次倒入，先下少许水，再逐步把水下足和成不软不硬的面块。

(3) 包馅　将和好的面从盆里抄在案板上，反复揉，根据面的软硬情况适当垫入干面，反复多盘几次，搓条，下成每个 15g 的面剂，擀成边薄中间厚的薄片，包入 20g 的馅，捏 18～21 个褶。

(4) 蒸制　将包子生坯放入直径 32～35cm 的小笼里，用大火蒸制。蒸的时间不宜过长，长了包子易掉底、跑汤，要随吃随蒸，就笼上桌。

四十四、扬式猪油开花包

1. 原料配方

酵面 1000g、白糖粉 260～330g、发酵粉 13g、面粉 130g、糖猪油丁（或青梅、红瓜、枣子丁）330g、碱 6g。

2. 操作要点

(1) 和面　将发足的酵面 1000g，放在案板上，加碱水，揉匀后加入白糖粉 260～330g，揉匀揉透后静置 15min 左右，接着加入 13g 发酵粉揉匀，揉时由于糖溶化，酵面很烂且粘手，可边揉边撒少许干面粉。

(2) 整形　把酵面搓成直径约 3cm 的长条，用刀在上面顺长划两条沟，用手向两边翻开，在沟中放入糖猪油丁（也可放些青梅、红瓜、枣子丁），随后再把沟边捏拢，包住馅心，再轻轻用双手搓成直径约 3cm 的圆条。在笼格里放几张油纸,把圆条按规格摘坯,边摘边放在油纸上,断面须朝上,以利开花。

(3) 蒸制　用大火将水烧至蒸汽冒出,然后把笼格放上,大火蒸 10~15min,待包子开花、发松、有弹性即可。

四十五、肉菜馅道士帽形状包

1. 原料配方

面粉 1000g,老面 100g,猪肉末 500g,菜馅 500g,猪油 50g,香油 30g,酱油 100g,味精 10g,葱、姜末各少许,碱、细盐各适量。

2. 操作要点

(1) 制馅　将猪肉末放到容器内,分四次加入清水 200g,加水后,向一个方向搅拌至有黏性时,再放入猪油、葱、姜末、香油、味精、菜馅、细盐,搅拌均匀调好口味备用。

(2) 和面、蒸制　将面粉、老面加水后和成面团。发酵后加适量的碱揉匀,搓成条,揪成 20 个剂子。用左手按剂子成薄片,拿起,右手拿尺子打馅,左手随转随收口,右手压紧馅,然后用左手拇指和食指,右手的拇指把两个边对齐封严,即可上屉蒸熟。

四十六、开封第一楼小笼包子

1. 原料配方

(1) 主料　面粉 1000g、老面 100g。

(2) 配料　猪后腿肉 700g。

(3) 调料　酱油 80g、姜末 30g、小磨香油 300g、黄酒 30g、精盐 20g、味精 11g、白糖 7g。

(4) 作料　香醋适量、蒜瓣适量。

2. 操作要点

(1) 发面　面粉加入清水(冬季用热水,春秋季用温水,夏季用凉水)和老面和匀,和面时要先加少量水拌成面穗,再逐渐加水和成面团,揉匀揉透,反复垫面 3 次,将面团由软和硬,再用手沾水扎面，揉成不软不硬的面团。

（2）制馅　猪后腿肉剁成细末，加入酱油、黄酒、姜末、精盐、味精、白糖和清水（冬季用温水 800g，夏季用凉水 700g），水分 5～6 次加入，边加边顺着一个方向搅动，搅成不稀不稠的糊状，最后加入小磨香油，搅拌均匀，即成馅料。

（3）包馅成型　将揉好的面团在案板上反复揉匀，搓成长条，揪成每个 15g 重的面剂，擀成边薄、中间稍厚的圆形面皮，包进 20g 馅料，捏成 18～21 个褶纹，即成包子生坯。

（4）蒸制　将生坯摆入小蒸笼中（每笼装 15 只），用大火沸水蒸制，1～2 格小笼约需 6min，3 格以上约需 8min。

第四章
煎炸类早餐食品

第一节　锅　贴

一、鸡蛋锅贴

1. 原料配方

面粉 1000g、猪五花肉 500g、鸡蛋 200g、白菜 300g、香油 150g、花生油 150g、酱油 40g、精盐 10g、葱末 20g、姜末 20g。

2. 操作要点

（1）原料预处理　将猪五花肉洗净，剁碎；白菜洗净，用开水烫一下，剁碎。将猪肉末放入盆内，加入葱末、姜末、酱油、精盐及清水 300g（分两次加入），搅匀上劲，再加入白菜末拌匀成馅。

（2）和面、整形　将面粉放入盆内，倒入适量沸水和成烫面，和匀揉透，搓成长条，揪成 40 个面剂，按扁，擀成直径 10cm 圆皮，每个抹入 10g 馅，捏成饺子。

（3）油煎　在锅内放入花生油烧热，码入饺子，煎至饺子结焦底时，淋入花生油，并将锅离火晃动，滗去余油，用筷子把饺子轻轻拨动一下。鸡蛋磕入碗内，搅匀，从锅周围淋入（平锅每 8 个饺子用 1 个鸡蛋），视蛋浆凝结时，再将锅端起晃动，使蛋饺全部离锅，翻个身，再稍煎片刻，出锅装盘，淋上香油即成。

二、驴肉锅贴

1. 原料配方

（1）皮料　面粉 1000g、热水 450g。

（2）馅料　驴肉 500g、韭菜 600g、鸡汤 200g、花生油 150g、香油 30g、酱油 30g、生姜 30g、料酒 20g、味精 8g、精盐 4g。

2. 操作要点

（1）面团调制　面粉用开水和成烫面团，放凉，揉匀。

（2）原料处理　将生姜、驴肉剁成碎末，将韭菜择洗干净，切成碎末，备用。

（3）制馅　将驴肉末内加入所有调料（不加花生油）调匀，再放入韭菜拌匀成馅。

（4）制皮、包馅　面团揉匀，搓成长条，揪成每个重约 10g 的剂子，按扁擀成圆皮，面片要擀薄，但不要破。然后包上馅，面皮对折，中间用手捏严，两角各留一个口不捏，成月牙形锅贴生坯。

（5）煎制　将生坯摆放到平底锅内，加入花生油，盖上盖，用小火煎至熟透，铲入盘内即成。

三、什锦锅贴

1. 原料配方

面粉 1000g、猪肉 500g、虾仁 200g、鸡蛋 200g、鸡肉 100g、干贝 20g、火腿 20g、海参 50g、水发冬菇 50g、水发木耳 50g、玉兰片 50g、姜末 30g、葱末 100g、酱油 100g、香油 100g、精盐 20g。

2. 操作要点

（1）和面　将面粉放入盆内，加入温水和成面团，揉匀揉光，盖上湿布，稍饧待用。

（2）制馅　将猪肉洗净，剁成蓉；鸡蛋搅匀，炒熟剁碎；虾仁、鸡肉、海参、干贝、火腿、水发冬菇、水发木耳、玉兰片均切成小丁。将肉蓉、鸡蛋及各种原料小丁、葱末、姜末放入盆内，加入酱油、精盐、香油拌匀成馅。

（3）整形　将面团搓成长条，揪成 60 个面剂，按扁，擀成皮，包上馅，包成饺子。

（4）水油煎　将平底锅烧热，刷上豆油，将包好的饺子逐个摆入，淋上适量的面粉水（清水加少许面粉搅匀），盖严锅盖。视水烧干时，饺子即熟，底面朝上铲入盘内即成。

四、三鲜锅贴

1. 原料配方

面粉 1000g，猪肉 500g，海参 100g，海米 50g，木耳 50g，香油 50g，豆油 50g，酱油 50g，小干贝 30g，精盐、葱末、姜末各适量。

2. 操作要点

（1）制馅　将猪肉切成豆粒大小的丁，放入盆内，加入姜末、酱油、精盐拌匀，再加水 75g 搅成糊状。将海米、海参泡发后切成小丁，木耳泡发后切成小片，连同小干贝、葱末、香油一起放进盆内，搅拌成馅。

（2）和面　将面粉放入盆内，加入沸水 100g，精盐少许，边浇边拌，再加凉水 150g，揉成半烫面团，稍饧，揉成条，揪成 40 只剂子，按扁，擀成圆皮，打入馅，将皮子对折捏拢，包成月牙形生饺。

（3）水油煎　待平锅烧热，稍抹一层豆油，摆入生饺，2min后倒进适量凉水，盖上锅盖焖烙，待水快干时，淋少许香油，铲出，码入盘内即成。

五、鲜香锅贴

1. 原料配方

（1）皮料　面粉 1000g，温水 500g。

（2）馅料　鱼肉 200g、虾仁 200g、食用油 200g、鸡脯肉 200g、韭菜 160g、香油 80g、鲜鸡汤 80g、料酒 30g、精盐 8g、味精 2g、五香粉 1g。

2. 操作要点

（1）面团调制　将面粉用温水和成面团，然后醒发 20min。

（2）制馅　鱼肉、鸡脯肉、虾仁均剁成蓉；韭菜择洗干净切成末。将鱼肉、鸡肉、虾仁放一容器内，加入全部调料（不加油）顺

119

一个方向搅匀，再放入韭菜末拌匀成馅。

（3）制皮、包馅　将面团揉匀后搓成条，揪成每个重约10g的剂子，按扁擀成圆薄皮，面片要擀薄，但不要破。然后放上馅，用右手的拇指和食指将面皮的对边中间捏合、两端开门露馅成锅贴生坯。

（4）煎制　将生坯摆入平底锅内，加入油，盖上盖，煎制时用小火即可，用小火煎至熟透，铲进盘内即为成品。

六、鸡汁锅贴

1. 原料配方

面粉1000g，猪肉1600g，鸡汤1000g，香油160g，酱油160g，白糖40g，姜40g，葱40g，料酒40g，白胡椒粉10g，精盐、荤油各少许。

2. 操作要点

（1）制馅　将肉剁成末，放入盆内。葱、姜用刀拍松剁细，掺以少许清水及精盐取汁，与胡椒粉、白糖、酱油等倒入盛肉末的盆内拌匀。把鸡汤陆续加进肉内（夏季鸡汤减半）搅打，第一次约加汤一半，待肉搅至黏稠状时，再加另一半汤继续搅打，同时加进香油，搅至肉将汤全吸收。如所用的肉不易吸收水分，则鸡汤应分几次加进，香油于最后一次搅打时加入。

（2）和面、整形　将面粉放进盆内，加入80℃热水急速搅动，揉和冷却即为烫面。把烫面搓成细条，揪剂，按扁，擀成边薄中央厚、重约15g的圆形饺皮，每个包上肉馅15g，捏成饺子。

（3）水油煎　平锅内淋少许菜油，将饺子整齐放入，盖好盖，3min后加入少许清水，盖好后不断转动平锅，让饺子受火均匀，约3min后即可揭盖。锅中央火力较旺处的饺子须先铲起，其余陆续起锅。

七、天津锅贴

1. 原料配方

面粉1000g，猪肉500g，菜馅（韭菜、白菜等均可）500g，酱油 100g，香油 50g，精盐 10g，葱花、姜末各少许。

2. 操作要点

（1）和面 将面粉放入盆内，加入温水和好，揉至光滑，略饧。

（2）制馅 将猪肉洗净，剁成碎末，放入盆内，加入葱花、姜末、酱油、精盐、香油、菜馅拌匀。

（3）整形 将面团搓成条，揪成 60 个剂子，按扁，擀成圆皮，放进馅，对折，上边捏紧，两头不捏。

（4）水油煎 将平锅抹油，文火烧热，把锅贴码齐，稍淋点水，盖盖焖 3min 后，再淋点水焖 2min，待锅贴底面焦黄时淋油，盛进盘内即成。

八、保定锅贴

1. 原料配方

面粉 1000g、猪肉 500g、净蔬菜 800g、香油 60g、酱油 100g、葱花 50g、面酱 20g、盐 10g、姜末 10g、五香粉 4g。

2. 操作要点

（1）制馅 将肉洗净，剁成肉泥，放入盆内，加入葱花、姜末、酱油、面酱、五香粉、盐搅至上劲，再加入香油和洗净剁碎挤净水分的菜馅，拌匀成馅。

（2）和面 将面粉放进盆内，加进温水和成面团，稍饧，搓成长条，揪成 50 个面剂，按扁，擀成直径 6cm 的圆皮。左手拿皮，右手抹馅（面馅各半），将皮折起，捏成带褶的花边饺。

（3）水油煎 将平底锅抹点油烧热。把包好的饺子摆在锅内，洒点开水，盖上盖儿，水快耗干时再淋点水，3min 后掀开锅盖，淋点香油，用慢火烙片刻，底面煎至金黄色时铲出，底面向上，入盘即成。

九、河南锅贴

1. 原料配方

面粉 1000g、猪肉 500g、韭菜 250g、香油 150g、酱油 150g、

料酒 50g、稀面汁 525g、姜末 20g、盐 10g、味精 8g。

2. 操作要点

（1）制馅　将肉洗净，剁成末，把韭菜择洗干净，切成末。放入盆内，加入姜末、酱油、料酒拌匀，再分两次加入 300g 凉水，顺同一方向搅拌至肉馅上劲，放入香油与择洗干净切成末的韭菜拌匀成馅。

（2）和面、整形　将面粉放入盆内，加温水和匀，搓成长条，揪剂（每个重 8g），擀成中央厚、边缘薄的圆面皮，每张皮放馅 15g，将皮对折捏成水饺子。

（3）水油煎　将饺子放在涂油的平底锅内码整齐，锅烧至五成热时，把水添到淹没锅贴 1/3 的地方，盖上锅盖用旺火煎焖。待水刚开时，打开锅盖，顺着锅贴的间隙，倒入稀面汁（500g 水加 25g 面粉调制），再把锅盖盖上，改用小火煎。待汁干、锅贴烤焦时，淋上香油，再盖上盖焖片刻即成。

十、丘二锅贴

1. 原料配方

面粉 1000g、猪肉 1500g、酱油 100g、香油 100g、白胡椒粉 40g、白糖 40g、葱 40g、料酒 40g、姜 40g、鸡汤 1000g、精盐少许。

2. 操作要点

（1）制馅　将肉洗净，剁成肉泥放入盆内；葱、姜用刀拍烂，加少许清水、精盐挤取其汁，与胡椒粉、白糖、料酒等都放入肉内拌匀，再将鸡汤陆续加进肉内搅打，第一次约加汤 250g，把肉搅至黏稠状时再加 250g，继续搅打。如所用的肉容易吸收水分，剩下的鸡汤可一次倾入，并同时加进香油，继续搅打。

（2）和面　将面粉放入盆内，加入八成开的热水适量，先用工具急速搅拌，再用手揉和，然后切成若干小长条冷却。冬季经过 15min，夏季经过 30min 即可冷透，即成烫面。

（3）整形　将各个小条子面合拢揉融，搓成条，揪成 60 个剂子，擀成边薄中央厚的圆形饺皮（重约 15g），每个皮包进肉馅 20g，捏成饺子。

（4）水油煎　在平锅上淋少许植物油烧热，将饺子放进锅内（不宜太挤），随即把冷水注入锅的中央，迅速将锅盖好，并不断转动平锅，使饺子所受火力保持均匀。大约经过 5min，锅中发出水炸声，揭盖，淋入少许素油，再盖盖转动锅约 2min 即成。

十一、菜肉锅贴

1. 原料配方

面粉 1000g、五花肉 400g、青菜 1000g、葱末 50g、料酒 50g、香油 50g、植物油 50g、酱油 50g、精盐 10g、姜末 10g、胡椒粉 10g、淀粉 10g。

2. 操作要点

（1）制馅　将青菜择好洗净，用开水烫一下，过凉，挤干，切成碎末，挤去水分；将五花肉洗净，沥水，剁成肉末。然后炒锅置中火上，放少许植物油，待油温达到六成热时，先放入葱、姜末，再放入猪肉末煸炒至变色，然后加入料酒、酱油、精盐、胡椒粉和少许清水，勾少许芡，盛入盘内，摊开冷透后，放入香油、菜末，拌匀成馅。

（2）和面　将面粉和好，揪成 30 个大小均匀的面剂，擀成椭圆形，包上馅，做成锅贴生坯。

（3）煎制　在铁锅内放适量清水，将锅贴生坯贴到锅的周围，待锅贴底面呈金黄色时，往上面淋少许香油，铲起装盘即可。

十二、虾仁豆腐锅贴

1. 原料配方

面粉 1000g、豆腐 1000g、蒜苗 150g、虾仁 50g、花生油 100g、香油 20g、精盐 10g、花椒面 10g、葱末 10g、姜末 10g。

2. 操作要点

（1）制馅　将豆腐用开水煮透，除去豆腥味，捞出放入冷水内过凉，沥净水分，抓碎；蒜苗择洗干净，切成碎末；虾仁切碎。再将豆腐放入盆内，加入香油、花生油、葱末、姜末、精盐、花椒面、虾仁末、蒜苗拌匀成馅。

（2）和面、整形　把面粉放入盆内，倒进沸水 500g 烫熟，揉成面团，用湿布盖上略饧，搓成长条，揪成 100 个面剂，擀成圆形皮子，左手托皮，右手打馅，对折，捏成月牙形的饺子生坯。

（3）煎制　将平锅烧热，刷上花生油，码进生坯，待底部烙至黄色时，淋上些清水，盖上盖稍焖，水干后即可出锅。

十三、猪肉韭黄锅贴

1. 原料配方

面粉 1000g、猪肉 500g、韭黄 300g、香油 150g、酱油 120g、料酒 40g、姜末 20g、稀面汁 525g、精盐 10g。

2. 操作要点

（1）制馅　将猪肉剁成末，放入盆内，加入酱油、料酒、姜末拌匀，顺一个方向搅至发黏，放入洗净切碎的韭黄和香油拌匀成馅。

（2）和面　将面粉放入盆内，加入温水和匀揉透，搓成长条，揪成每个重 8g 左右的面剂，擀成圆薄皮，包入 10～15g 馅，捏成锅贴生坯。

（3）水油煎　将包好的锅贴生坯摆在刷油的平底锅内，烧至五成热时，添水至淹没锅贴 1/3 的高度，盖上锅盖用大火煎焖。待水干时，将锅盖打开，顺着锅贴的间隔空隙，浇上稀面汁（500g 水加 25g 面粉），再把锅盖盖上，改用小火煎，待浆干、锅贴烤焦时，揭开盖淋上香油，再盖上盖焖片刻即成。

十四、猪肉南瓜锅贴

1. 原料配方

面粉 1000g、猪肉 1000g、南瓜 1000g、香油 200g、酱油 150g、葱末 60g、稀面汁 200g、姜末 30g、精盐 20g、料酒 20g。

2. 操作要点

（1）制馅 把肉洗净剁成末，南瓜洗净，去皮瓤，擦成细丝，挤去水分。肉末放入盆内，加入调料和适量水，顺一个方向搅打直至发黏，再放入香油和南瓜丝，拌匀即可。

（2）和面 把面粉放入盆内，加适量温水和成面团，搓成长条，揪成 40 个剂子，擀成圆薄皮，包入馅，捏成饺子。

（3）水油煎 将平底锅清洗干净，放在中火上，转两圈，添加一勺凉水，立即倒出，将包好的饺子整齐地摆在平底锅内，烧至五成热，添水至饺子的 1/3 处，盖上锅盖，用旺火煎，水干打开锅盖，顺着饺子的间隔空隙，浇上稀面汁（500g 水加 25g 面粉），再把锅盖盖上，改用小火煎。待汁干底焦，揭开盖淋上香油，盖上盖，稍煎片刻即为成品。

十五、猪肉白菜锅贴

1. 原料配方

面粉 1000g、猪肉 500g、大白菜 2000g、植物油 100g、香油 100g、黄酱 50g、酱油 50g、葱末 40g、精盐 20g、姜末 10g。

2. 操作要点

（1）和面 将面粉放入盆内，加入温水和成面团，揉匀揉透，盖上湿布饧 20min 待用。

（2）制馅 将肉剁成泥，加入香油、黄酱、酱油、精盐、葱末、姜末调好；把大白菜洗净沥去水，剁碎挤于水分与肉泥调匀，即成馅。

（3）整形 将面团放案板上，搓成条，揪 50 个剂子，按扁，擀成圆皮，然后左手托皮，右手打入馅，包成饺子。

（4）水油煎 烧热平底锅，把饺子整齐地摆在锅里，中央留些空隙。将植物油里掺入一点水，倒在锅的中央及边沿，盖上锅盖，几分钟后视饺子的底焦黄时即成锅贴。

十六、猪肉茄子锅贴

1. 原料配方

面粉 1000g、茄子 1000g、猪肉 600g、香油 50g、熟素油 100g、酱油 100g、精盐 10g、面水 200g、葱末 50g、姜末 10g。

2. 操作要点

（1）制馅　将猪肉洗净，剁成泥；茄子去蒂去皮，洗净，剁碎。将肉泥放入盆内，加入葱末、姜末、酱油、精盐、水少许搅至发黏，加入香油、熟素油（20g）搅匀，最后投入茄子拌匀成馅。

（2）和面　将面粉放入盆内，加入温水搅匀，和成面团，盖上湿布稍饧后搓成条，揪成 40 个剂子，按扁，擀成圆皮，然后左手托皮，右手打入馅，对折捏成饺子。

（3）水油煎　将平底锅置于中火上，淋入熟素油少许，将饺子码入锅内，淋入两勺面水（约 200g），盖严盖，焖 5min，视水分尽干、饺子鼓起，再淋入熟素油少许，稍煎即成。

十七、虾皮韭菜锅贴

1. 原料配方

面粉 1000g、牛肉 50g、韭菜 860g、花生油 20g、黄酱 20g、酱油 20g、香油 8g、精盐 10g、花椒水 10g、葱末 10g、姜末 10g。

2. 操作要点

（1）和面　将面粉放入盆内，加入温水和成面团，揉匀揉光，盖上湿布醒 20min 待用。

（2）制馅　将韭菜择洗干净，沥水，切成碎末，放入盆内，加入姜末、葱末、花椒水、酱油、精盐、黄酱、香油拌匀成馅。

（3）包馅　将面团放案板上，搓成条，揪成 50 个剂子，按扁，擀成圆皮，然后左手托皮，右手打入馅，包成饺子。

（4）熟制　把平底锅放置火上烧热，淋少许油，然后把饺子整齐地摆入锅内，中央留些空隙。往花生油里掺入一点水，倒在锅的中央及边沿，盖上盖，几分钟后视饺子的底焦黄时即成锅贴。

十八、猪肉鲜韭锅贴

1. 原料配方

面粉 1000g、猪肉 700g、韭菜 500g、花生油 100g、酱油 100g、姜 20g、面粉水 200g、精盐 20g。

2. 操作要点

(1) 制馅　将猪肉洗净切末,韭菜择洗干净切成小丁。再将肉丁放入盆内,加入酱油、姜末、精盐搅打至有黏性,再加入油和韭菜末,搅拌均匀制成馅料。

(2) 和面　将面粉放入盆内,加少许精盐和适量温水和好,揉匀揉透,揪成 60 个小剂,擀成圆皮,打入馅,对折,捏紧上部,两头露馅,即成锅贴饺。

(3) 水油煎　将平锅置火上,并刷上油,把锅贴逐个摆上,淋入面粉水(按 500g 水 25g 面的比例调匀),盖上锅盖。待水快干时,再淋上少许面粉水,再盖严,3min 后底面朝上铲出,码入盘内即成。

十九、牛肉白菜锅贴

1. 原料配方

面粉 1000g、精牛肉 1000g、大白菜 300g、酱油 200、菜油 100g、白砂糖 50g、葱花 30g、酱油 50g、姜末 10g、精盐 10g。

2. 操作要点

(1) 制馅　将精牛肉剁成末,大白菜剁成末,同放盆内,加入酱油、白砂糖、葱花、姜末、精盐搅拌上劲,分两次加入凉水 200g 继续搅匀。

(2) 和面　将面粉放盆内,冲进热水,和匀,揉透,盖上湿布饧片刻后,搓成条,揪成 50 个剂子,擀成直径 6cm 的圆皮,包进馅,捏成月牙形饺子。

(3) 煎制　在平锅上火,将饺子整齐地摆入锅内,浇入菜油,再加清水适量,盖上锅盖,转动平锅,使之受热均匀。待锅内发出"喳喳"声时,揭开盖,用铲沿锅底铲动一次,再浇菜油少许,待底部色泽金黄时,起锅装盘。

二十、清真牛肉锅贴

1. 原料配方

面粉 1000g、牛肉 1000g、花生油 100g、酱油 60g、精盐 10g、姜末 10g。

2. 操作要点

（1）和面　将面粉放进盆内，加热水拌匀揉透，搓成直径约 2cm 的长条，揪成面剂 40 个，擀成中央厚、边缘薄的圆皮。

（2）制馅　将牛肉剁成末，放入盆内，加入姜末、花生油（50g）、酱油、精盐拌成馅。

（3）整形、煎制　将面皮内逐只打进肉馅捏成饺子。将平底锅放在大火上，锅底抹上花生油，摆放好饺子，煎 1min 后加水至没锅贴 1/3 处，盖上锅盖再煎 2～3min，改用中火煎 1～2min，待水干后用铲子铲起，底朝上装入盘内即成。

二十一、牛肉青椒锅贴

1. 原料配方

面粉 1000g、青椒 1000g、牛肉 600g、香油 40g、熟素油 100g、酱油 100g、面水 200g、黄酱 30g、葱末 50g、姜末 50g、精盐 10g。

2. 操作要点

（1）制馅　将牛肉洗净，剁成末；青椒去蒂籽，洗净，用开水烫一下，过凉，切成碎末，挤干水分。然后将牛肉馅放入盆内，加入葱末、姜末、酱油、黄酱、精盐、香油、熟素油（40g）搅成稠糊状，再投入青椒末拌匀成馅。

（2）和面　将面粉放入盆内，加入热水和成面团，揉匀揉光，稍饧，搓成条，揪 80 个剂子，擀成圆皮，然后左手托皮，右手打入馅，对折捏成饺子。

（3）煎制　将平底锅置于中火上，淋入油少许，将饺子码入锅内，淋入面水两勺（约 200g），加盖焖煎 5min 后，视水分尽干、饺子鼓起，再淋入油少许，稍煎即成。

二十二、羊肉大葱锅贴

1. 原料配方

面粉 1000g、羊肉 700g、大葱 400g、香油 40g、植物油 100g、酱油 100g、面水 200g、姜末 20g、精盐 10g。

2. 操作要点

（1）制馅 将羊肉洗净，剁成泥；大葱去皮洗净，切成葱花。然后将羊肉泥放入盆内，加入姜末、酱油、精盐、香油、植物油（40g）搅至肉馅发黏，再加入葱花拌匀成馅。

（2）制馅 将面粉放入盆内，加入温水和成面团，揉匀，揉透，盖上湿布饧 15min，搓成条，揪成 100 个剂子，逐个按扁，擀成圆皮，然后左手托皮，右手打入馅，对折，捏成饺子。

（3）煎制 将平底锅放置在火上加热，然后淋入少许油，再将饺子码入锅内，浇入面水两勺（约 200g），盖严锅盖，焖煎 5min，视水分尽干、饺子鼓起，再淋入油少许，略煎即成。

二十三、羊肉冬瓜锅贴

1. 原料配方

面粉 1000g、羊肉 800g、冬瓜 1000g、香油 40g、植物油 100g、酱油 150g、面水 200g、葱末 50g、姜末 10g、精盐 10g。

2. 操作要点

（1）制馅 将羊肉洗净，剁成泥；冬瓜洗净，去皮瓤，擦成丝，然后拌入精盐少许，挤干水分待用。然后将羊肉泥放入盆内，加入姜末、酱油、精盐搅至肉馅发黏，再加入葱末、香油、植物油（40g）、冬瓜丝拌匀成馅。

（2）和面、包馅 将面粉放入盆内，加入温水和成面团，揉匀揉透，盖上湿布，饧 15min，搓成条，揪成 100 个剂子，逐个按扁，擀成圆皮，然后左手托皮，右手打馅，对折捏成饺子。

（3）煎制 将平底锅放置火上加热，烧热，淋入植物油，码入饺子，浇入面水两勺（约 200g），盖严盖，焖煎 5min，视水分尽干、饺子鼓起，再淋入油少许，略煎即可。

二十四、猪肉卷心菜锅贴

1. 原料配方

面粉 1000g、猪肉 600g、卷心菜 1000g、香油 50g、植物油 100g、酱油 100g、面水 200g、精盐 10g、葱末 50g、姜末 10g。

2. 操作要点

（1）制馅 将猪肉洗净，剁成泥；卷心菜择洗干净，切成宽条，用开水烫一下，用冷水过凉后剁碎，挤干水分。然后将肉泥放进盆内，加入葱末、姜末、酱油、精盐搅至发黏，加入香油 50g、植物油 40g 搅拌均匀，最后投入卷心菜拌匀成馅。

（2）和面 将面粉放入盆内，加入温水和成面团，揉匀揉透，盖上湿布饧 15min 后，揪成 40 个剂子，按扁，擀成中央稍厚、四周稍薄的圆皮，包入馅，对折捏成饺子。

（3）煎制 将平底锅置于火上，淋一层植物油，然后将饺子生坯摆放整齐，淋入两勺面水（按水 500g，面粉 25g 的比例调成），盖严盖，焖 5min 后，视水分已干、饺子鼓起，再淋少许植物油，盖盖，稍煎一下出锅即可。

二十五、牛肉西葫芦锅贴

1. 原料配方

面粉 1000g、西葫芦 1500g、牛肉 600g、植物油 100g、酱油 100g、香油 50g、面水 200g、黄酱 20g、精盐 20g、葱末 50g、姜末 10g、花椒面 6g。

2. 操作要点

（1）制馅 将牛肉洗净，剁成末；西葫芦洗净，去皮瓤，擦成细丝，稍剁几刀，拌入精盐少许，挤干。然后将牛肉末放入盆内，加入葱末、姜末、酱油、黄酱、精盐、花椒面、加入香油、植物油 40g 搅成稠糊状。

（2）和面　将面粉放入盆内，加入温水和成面团，揉匀，揉透，盖上湿布，饧 15min 后，搓成条，揪成 40 个剂子，擀成圆皮，然后左手托皮，右手打馅，对折捏成饺子。

（3）煎制　将平底锅置于中火上，淋少许油，将饺子摆进锅内，淋入两勺面水，加盖焖 5min。待水煎干后、饺子鼓起时，再淋入少许油，再稍微煎制 2min，然后底朝上铲入盘内即为成品。

第二节　饺子类

一、炸肉饺

1. 原料配方

面粉 1000g、猪肉 500g、大葱 100g、酱油 100g、料酒 10g、白糖 6g、精盐 6g、姜粉 10g、植物油 100g。

2. 操作要点

（1）制馅　将大葱洗净，切成末；猪肉洗净，切成小块，加入葱末一起剁成泥。然后将猪肉泥放入碗内，加入酱油、精盐、料酒、姜粉、白糖，拌匀成馅。

（2）和面　将面粉放入盆内，加入适量凉水和成软硬适度的面团，揉匀揉透，切成乒乓球大小的面块。

（3）包馅　将面块擀成薄皮，皮中央放入适量肉馅，摊开，将皮对折，将小碗碗口扣在对外折的面皮上，用力按一下碗底，去掉碗口外的面片，碗口内即为肉饺坯。

（4）油炸　将锅置火上，倒入植物油，热后放入肉饺坯，用中火炸至肉饺呈金黄色时捞出沥油装盘即成。

二、炸酥饺

1. 原料配方

面粉 1000g、熟火腿 300g、猪油 300g、大葱 200g、香油 50g、

味精 10g、精盐 10g。

2. 操作要点

（1）制馅　将熟火腿切碎放入盆内，大葱切成末放入，加入香油、味精、精盐拌匀成馅。将面粉 500g 放入盆内，加入猪油 250g 拌匀，揉成干油酥。

（2）和面　在剩余的面粉内加入猪油 50g 和温水适量，和成水油面团，稍醒。

（3）包馅　将干油酥包入水油面团内，稍按扁，擀成长方形面片，从上至下卷成筒状，切成 30 个面剂，按成中央稍厚、边缘稍薄的锅底状圆皮，然后左手托皮，右手打馅，捏成饺子。

（4）油炸　将油锅加热，等锅内油烧至五成热时，再将饺子逐个下锅，用慢火炸制，视饺子浮在油面呈金黄色即成。

三、一品饺子

1. 原料配方

面粉 1000g，鲜肉馅 1800g，熟虾仁 250g，火腿末、青菜末各少许。

2. 操作要点

（1）和面　将 1000g 面粉加 500g 的温水揉匀揉透后，搓成长条，摘成每个 12g 的坯子，擀成圆形皮子。面团软硬适中，并要揉透。

（2）包馅　将皮子摊在左手掌内，放入鲜肉馅 22.5g。用右手抓住皮子，等距离地将三对角的边提齐捏紧，成为三个口，再把它们捏成直立朝上成品字形的洞眼。捏做应细致，包馅不可过多，否则要影响形态。在三个洞眼中分别放入熟虾仁、火腿末、青菜末等，即成三色品字形的一品饺子生坯。

（3）蒸制　将包好的饺子生坯上笼蒸。上笼蒸时要防止蒸过头，否则易软塌。用大火沸水蒸约 15min 即成。

四、四喜饺子

1. 原料配方

精白粉 1000g、鲜肉馅 1200g，青豆、火腿、蛋白、蛋黄、香菇末各少许。

2. 操作要点

（1）和面 将 1000g 面粉中加入 400g 温水，揉匀揉透后，搓成长条，摘成坯子 80 个，擀成圆形皮子。和面时吃水不能太多，否则皮子太软，影响成型。

（2）包馅 在饼皮中间放上肉馅，先将两对面的皮子粘住，再将另两面的皮子粘住，露出四个洞眼。要四眼对称，大小一致，色彩对比明显。在四个洞眼中分别放入青豆、火腿、蛋白、蛋黄等四色原料，即成四喜饺子生坯。

（3）蒸制 将包好的生坯放到蒸笼上用大火加热，沸水蒸大约 15min，即成。

五、鸡油煎饺

1. 原料配方

面粉 1000g、猪后腿肉 500g、牛肉 500g、鸡蛋 200g、芝士末 150g、葱头 150g、鸡油 300g、精盐 30g。

2. 操作要点

（1）制馅 将牛肉、猪后腿肉洗净，都剁成肉末；葱头洗净，切成碎末，和肉末一并放入盆内，加入精盐（20g）和鸡油（100g），搅拌，再陆续加水 400g，搅至黏稠状待用。

（2）和面 把鸡蛋磕入碗内，加入精盐 10g，清水 400g，用筷子搅开，倒入放面粉的盆内，把面和匀，揉透，盖上湿布，饧 30min 待用。

（3）整形 将面团擀成长方形薄片，用手把馅挤在一半面片上（馅与馅的四周间隔为 2cm 等距），将另一半面片折起，盖在挤好馅的面片上，把馅与馅的四周用手压实，再用直径 4cm 的圆酒杯式的模子将饺子一个一个地扣下来，将边捏一下，再将两角对起捏实，使其成元宝形状。按此法捏出小饺子 60 个。

（4）煮制　将饺子放进开水锅内，略煮，捞出。

（5）油煎　将鸡油 200g 放入煎锅烧热，摆入饺子，煎至两面金黄色时即可装盘。食用时将芝士末一起上桌。

六、酥炸饺子

1. 原料配方

面粉 1000g、猪油 400g、韭菜 1000g、葱花 100g、鸡蛋 400g、虾仁 200g、香油 400g、精盐 20g、味精 12g、食用油 400g。

2. 操作要点

（1）原料预处理　首先将鸡蛋磕开，把虾仁剁碎放入，再加精盐 4g 搅匀，净锅倒入底油上火烧热，把鸡蛋液炒熟切碎备用；韭菜择洗干净，晾干水切成碎末。

（2）制馅　在锅中加入底油，放入葱花见其发黄后离火稍凉，放入韭菜、鸡蛋、精盐、味精、香油拌匀即成饺子馅。

（3）和面　取 400g 面，用猪油 300g 擦成干油酥面；把剩余的 600g 面粉、猪油同适量水和成油水面团，待用。

（4）包馅、油炸　将油水面团搅拌均匀，再碾压成面片，把干油酥面包入压扁，搓成长形面片，顺宽度再卷起，切成 15～20 个大小相等的面剂子，将剂子压扁，搓成中间稍厚的圆片，把馅包入对折，把边捏成丝绳状待炸。

（5）油炸　炸锅中油加热至 80℃时，把捏好的饺子逐个放入，用小火炸熟，呈金黄色时拣出即可。

七、水晶蒸饺

1. 原料配方

（1）皮料　澄粉 800g、粟粉 200g、沸水 500g、熟猪油 150g。

134

（2）馅料　猪五花肉 800g、韭菜 400g、虾仁 400g、香菜 400g、香油 25g、生抽 15g、熟猪油 15g、食盐 15g、胡椒粉 6g、味精 6g。

2. 操作要点

（1）原料处理　将韭菜、香菜洗净切碎；虾仁去沙线，洗净，沥去水分，加少许食盐、味精拌匀稍腌；五花肉洗净，剁泥，加精盐拌匀稍腌。

（2）面团调制　将澄粉加入粟粉和熟猪油拌匀，再倒入适量沸水烫熟，不断揉搓均匀成团，晾凉后揉搓成澄粉面团。面团一定要用沸水搅拌至没有干粉，也就是要把澄粉烫熟。

（3）馅料调制　将猪五花肉中加入生抽、味精、胡椒粉、香油、虾仁、韭菜末、香菜末搅拌均匀，即为肉馅。

（4）包馅　把和好的面团搓成长条，分割成每个重约 15g 的剂子，用手按或用刀压成薄片，包进馅料，捏成鸡冠状成蒸饺生坯。面皮最好不要擀，否则严重影响口感。切好的剂子都放进保鲜袋，包一个拿一个，按好面皮直接包，否则容易开裂。因澄粉不同于面粉，没有任何抻拉的筋性，所以包的时候馅量不要太多，否则会裂开。

（5）蒸制　在蒸锅内加入清水烧沸，放入蒸饺生坯蒸 5min 以上，直至成熟。

八、玻璃蒸饺

1. 原料配方

（1）皮料　马铃薯 1000g、淀粉 100g。

（2）馅料　羊肉末 300g、羊肉汤 60g、姜末 6g、葱末 6g、精盐 4g、味精 2g、胡椒粉 2g。

2. 操作要点

（1）原料处理　将马铃薯蒸熟去皮，捣成泥。

（2）面团调制　马铃薯一定要蒸透，捣成细泥，然后马铃薯泥加入淀粉揉成团。

（3）馅料调制　将羊肉末内加入精盐、羊肉汤顺一个方向搅匀上劲，再放入胡椒粉、味精、葱末、姜末拌匀成馅。

（4）制皮、包馅　面团揉匀后搓成长条，揪成大小均匀的小剂子，按扁擀成小圆皮，抹上馅。由于面片筋力较小，包制时注意不要露馅。合拢收口捏成月牙形饺子生坯。

（5）蒸制　将饺子生坯摆入蒸锅内，用大火足汽蒸 30min 至熟。

九、玉面蒸饺

1. 原料配方

（1）皮料　玉米面 600g、温水 600g、面粉 600g、泡打粉 24g。

（2）馅料　牛肉 600g、大萝卜 60g、鸡汤 50g、葱末 30g、酱油 30g、姜末 30g、香油 30g、花椒油 25g、料酒 20g、精盐 10g、鸡精 8g、味精 4g、五香粉 2g、胡椒粉 1g。

2. 操作要点

（1）原料处理　将大萝卜去皮，洗净剁碎，放进容器内，撒入精盐 4g 稍微腌制一下，然后挤去水分，可保证馅料在调制时不会有水渗出，不影响包馅；牛肉去除筋膜洗净，剁成肉末。

（2）面团调制　将玉米面、面粉、泡打粉放入同一容器内拌匀，加温水和成面团，略醒。

（3）馅料调制　牛肉末放入容器内，加入所有调料搅匀，再加入大萝卜末拌匀成馅。

（4）制皮、包馅　将面团揉匀后搓成长条，揪成每个重 20g 的剂子，按扁擀成圆饼皮，放上馅。面皮筋力较小，包制时注意不要露馅。面皮对折捏成月牙形饺子生坯。

（5）蒸制　将生坯摆入蒸锅内，用大火足汽蒸 15min 至熟。

十、猪肉水饺

1. 原料配方

（1）皮料　面粉 1000g、清水 550g。

（2）馅料

① 猪肉韭菜馅　猪五花肉 800g、韭菜 300g、熟豆油 40g、酱油 30g、海米 30g、鲜汤 30g、姜末 20g、精盐 8g、味精 4g、十三香粉 2g。

② 猪肉白菜馅　猪肉 600g、白菜 1000g、猪油 60g、葱末 40g、姜末 40g、香油 30g、酱油 30g、精盐 10g、排骨精 6g、味精 4g、十三香粉 2g。

③ 猪肉萝卜馅　猪肉 450g、白萝卜 1000g、猪油 50g、香油 30g、精盐 8g、味精 4g、十三香粉 2g。

④ 猪肉酸菜馅　猪肉 800g、酸菜 600g、食用油 100g、葱末 50g、腐乳汁 40g、酱油 30g、味精 6g、精盐 4g、五香粉 2g。

2. 操作要点

（1）面团调制　将面粉倒入容器内，面粉可以用普通面粉，最好选用饺子粉。加入清水和成面团，醒 15min。

（2）馅料预处理

① 猪肉韭菜馅　猪五花肉洗净，剁成肉末；韭菜择洗干净，切成末；海米切成末。

② 猪肉白菜馅　猪肉、白菜分别剁成碎末；白菜末内撒进精盐 4g 拌匀略腌，再用手或纱布挤干水分。

③ 猪肉萝卜馅　将白萝卜擦成丝，在开水中将萝卜丝焯5min，然后过冷水，再用手或纱布挤干水分。

④ 猪肉酸菜馅　将猪肉、酸菜分别洗净，均剁成末。

（3）拌馅

① 猪肉韭菜馅　将猪肉末放入容器内，加入所有调料顺一个方向充分搅匀，再加入海米末、韭菜末拌匀成馅。

② 猪肉白菜馅　将猪肉末内加入所有调料搅匀，再加入白菜末顺一个方向充分搅匀。

③ 猪肉萝卜馅　将猪肉、萝卜和所有调料放一起顺一个方向充分搅匀。

④ 猪肉酸菜馅　将猪肉末放进容器内，加入除酸菜和食用油

之外的其他调料顺一个方向充分搅匀上劲，酸菜末挤去水分后放入肉末，加入食用油搅拌均匀，制作成馅。

（4）包馅　将面团揉匀后搓成长条，揪成大小均匀的小剂子，按扁擀成薄圆皮，包进馅，捏成月牙形饺子生坯。包饺子时一定要捏严，以防煮制时露馅。

（5）煮制　煮饺子时一定要加足量的水，且不要一次下入太多饺子，以饺子刚好飘满水面一层为宜。肉馅饺子煮制时间可稍长一点，以保证肉料充分煮熟。将生坯下入沸水锅内，随即将水顺一个方向推转，煮开后点凉水 2 次，至饺子鼓起，熟透揭盖捞出装盘即成。

十一、菇香水饺

1. 原料配方

（1）皮料　面粉 1000g、清水 550g。

（2）馅料　鸡肉 600g、葱末 60g、料酒 30g、五香粉 2g、鸡汤 60g、水发香菇 300g、姜末 20g、精盐 6g、味精 4g、花生油 40g。

2. 操作要点

（1）面团调制　把面粉倒进容器内，加入清水和成面团，醒 15min。

（2）原料处理　把鸡肉、水发香菇均剁成碎末。

（3）拌馅　将鸡肉末内加入全部调料顺一个方向搅匀，再加入香菇末搅匀成馅。

（4）擀皮、包馅　把面团揉匀后搓成长条，揪成大小均匀的小剂子，按扁擀成圆薄皮，包入馅，捏成月牙形饺子生坯。

（5）煮制　将生坯倒入沸水锅内，随即将水顺一个方向推转，煮开后点凉水 3 次，至饺子鼓起，熟透揭盖捞出装盘即成。

十二、干菜汤饺

1. 原料配方

（1）皮料　面粉 400g、清水 220g。

（2）馅料　鲜汤 1000g、羊肋条肉 300g、水发香菇 60g、香油 30g、葱末 20g、姜末 20g、香菜叶 12g、料酒 10g、酱油 10g、十三香粉 2g、水发木耳 60g、胡椒粉 2g、精盐 6g、味精 6g、排骨精 4g。

2. 操作要点

（1）面团调制　面粉可以用普通面粉，最好选用饺子粉。将面粉放入容器内，加入清水和成面团，醒 20min。

（2）原料处理　将羊肉、水发木耳、水发香菇分别洗净，均剁成末。

（3）拌馅　将羊肉末放入容器内，加入料酒、酱油、葱末、姜末、十三香粉、胡椒粉 1g 及精盐、味精各 3g，鲜汤 80g 搅匀，再加入木耳末、香菇末、香油拌匀成馅。

（4）擀皮、包馅　将面团揉匀后搓成长条，揪成大小均匀的小剂子，按扁擀成圆薄皮，放入与皮同等重量的馅，用双手拇指与食指捏严，捏成月牙形小饺子生坯。汤饺比一般水饺小，这样可以缩短煮制时间，因此饺子皮可擀得小一点。包饺子时一定要捏严，以防煮制时露馅。

（5）煮制　将锅内加余下的鲜汤、精盐烧开，下入生坯煮熟，加入余下的调料开锅盛入碗内，撒上香菜叶即成。

十三、元宝炸饺

1. 原料配方

面粉 1000g、植物油 1000g、猪后腿肉 500g、牛肉 500g、鸡蛋 240g、鸡油 100g、精盐 50g、葱末 150g、干酪末 150g。

2. 操作要点

（1）制馅　将牛肉、猪后腿肉洗净剁成泥，放入盆内，加入精盐（20g）、鸡油和葱末，并陆续加水 400g，搅拌成馅。

（2）和面　把鸡蛋打进碗内，加入精盐 30g，水 400g，用竹筷抽打搅匀，然后倒入面粉盆内，将面和好，揉匀揉透，盖上湿布，饧约 30min。

（3）包馅　将面擀成长方形薄片，用手把馅挤在一半面片上。

馅与馅的四周间隔为 2mm 等距，将另一半面片折起，盖在挤好馅的面片上，把馅与馅的四周用手压实，再用直径 4cm 的圆酒杯式的模子把饺子一个一个地扣下来，将边捏一下，再将两边对起捏实，使之成元宝形状，按此方法把饺子剩下来的面继续做成饺子，直至将面、馅做完为止，约做出小饺子 100 个。

（4）油炸　在锅内加入植物油，烧至八成热时，将饺子分两次下入。炸至色泽深黄、外焦里嫩时捞出装盘。与干酪末同时上桌。

十四、煸馅炸饺

1.原料配方

面粉 1000g、猪后腿肉 800g、酱油 60g、精盐 16g、白糖 40g、水淀粉 40g、猪油 100g、黄酒 20g、葱 20g、姜 20g、植物油 1000g。

2.操作要点

（1）制馅　将猪后腿肉洗净，斩成泥；再把葱、姜洗净，切成末。然后炒锅上火，放入适量油，投入葱姜末，煸香后倒入肉泥，烹入黄酒，将猪肉煸至色泽发白时，加入酱油、精盐、白糖及清水 100g，烧沸后用水淀粉勾成稠芡，晾凉发硬后搅拌好即成馅。

（2）和面　将面粉放置案板上，开成窝形，冲入沸水 500g，拌和后掺进猪油，和成面团，揉匀搓条，揪成每只重约 40g 的面剂，擀成直径约 6cm 的边薄中央稍厚的面皮。

（3）包馅　在面皮上包入肉馅 25g，左手四指向手心略收拢，使面皮成半圆形，用右手的大拇指、食指沿面皮边捏一捏，再沿面皮边从左至右捏成瓦楞纹，两手的手法一推一拉，即成生坯。

（4）油炸　在油锅上火，放入植物油，烧至七成热时，投入饺坯，炸至外层呈金黄色时捞出沥油即成。

十五、广东炸饺

1.原料配方

糯米粉 1000g、芋头 500g、瘦猪肉 300g、肥猪肉 200g、虾干

100g、竹笋 100g、叉烧 100g、青菜 100g、水发冬菇 50g、植物油 50g、精盐 30g、酱油 30g、淀粉 20g、香油 10g、白糖 10g、料酒 10g、胡椒粉 2g、上汤 200g。

2. 操作要点

（1）制馅　将叉烧、瘦猪肉、肥猪肉、青菜分别切成细粒，将肉放入碗内，加入少许水淀粉、精盐拌一下待用。把虾干洗净放进碗内，加水 100g，上笼蒸半小时后取出，切成细粒（汁留用）。水发冬菇、竹笋用开水烫一下捞出，切成细粒。然后在炒锅烧热加入植物油，放入肥肉、瘦肉稍炒几下，加入叉烧、青菜、虾干、竹笋、冬菇，再炒几下，然后加入料酒、上汤、虾干汁、精盐（10g）、白糖、酱油、香油（6g）、胡椒粉，待开后入味用水淀粉勾芡即成馅，装入盘内待用。

（2）包馅　将芋头洗净切块，上笼蒸熟后取出，放在案板上碾烂，装入大碗内，加入清水 400g，精盐 20g，白糖 10g，香油 4g 及糯米粉搅匀，然后倒在涂了油的案板上，将糯米粉揉匀后搓成长条，揪成 20 个剂子（揪一个沾一些芝麻），随后用左手心按扁成中央厚、四边薄的皮，打入 50g 馅，包成饺子（芝麻一面向外）。

（3）油炸　将成型的生坯逐只下进沸油锅内，炸至金黄色时捞出，装盘即成。

十六、多味炸饺

1. 原料配方

富强粉 260g、玉米粉 40g、猪里脊肉 100g、虾仁 60g、香菇 60g、叉烧肉 60g、腌制萝卜 60g、虾米 30g、白砂糖 180g、精盐 20g、蚝油 20g、水淀粉 20g、香油 10g、酱油 10g、胡椒粉 10g、植物油 1000g。

2. 操作要点

（1）和面　将富强粉、玉米粉放入盆内，加入白糖（120g）、精盐（4g）、胡椒粉、香油及 100g 水充分调和后，分成 10 等份，制成圆形的皮。

（2）制馅　将香菇与虾米用水泡软后，再将香菇、虾仁、叉烧肉、腌渍萝卜均切成碎末。用油先将叉烧肉与虾仁炒一下，然后加入香菇、腌渍萝卜、虾米一起炒，加入水 60g、精盐、白糖、蚝油调味后，加入水淀粉勾芡。

（3）油炸　将馅分别包进 10 个皮中，对折捏紧，包成饺子，放入低温油中炸熟即成。

十七、羊肉炸饺

1. 原料配方

面粉 1000g、羊肉 500g、葱花 500g、黄酱 50g、精盐 10g、花椒 4g、姜汁 4g、香油 10g、花生油 1000g。

2. 操作要点

（1）和面　将面粉放入盆内，倒入沸水搅拌成面团，放在抹了花生油的案板上，晾温后揉匀，盖上湿布饧 30min。

（2）制馅　将羊肉洗净，剁成末；花椒用开水 50g 泡成花椒水。将肉末、花椒水放入盆内，加入黄酱、精盐、姜汁搅匀，再加入葱花、香油拌匀成馅。

（3）制馅　在案板上铺撒面粉，将饧好的熟面放在上面，搓成条，揪成 40 个面剂，按成圆皮，每个放馅 15g，然后对折捏拢，包成饺子。

（4）油炸　在锅内倒入花生油，烧至六成热，将饺子分几次入锅炸，待浮起后，再稍炸一会，呈酱黄色时即成。

十八、牛肉炸饺

1. 原料配方

大米粉 1000g、牛肉 600g、葱花 300g、姜末 300g、酱油 100g、精盐 10g、香油 100g、植物油 1000g。

2. 操作要点

（1）制米粉　将大米粉放入盆内，加入适量沸水，用棍搅匀，放案板上用湿布盖上待用。

（2）制馅 将牛肉去筋，切成豌豆大的颗粒放入盆内，加入葱花、姜末、酱油、精盐、香油（80g）。

（3）包馅 将碗放入香油20g，将熟米粉分成30份，逐份搓成上细下粗的圆锥形，用右手大拇指将熟米粉剂上面按成坛子口形，右手中指擦油从坛子口处抠进，放在左手掌心上，慢慢地边抠边转成肚大口小的小坛子形，然后每个放入15g馅，两个拇指并排封口，在口的中央，拇指卷边捏花3～4个。

（4）油炸 将锅置旺火上，倒入植物油，烧至七成热时，将饺子投入锅内，炸至深黄色捞出即成。

十九、回宝珍饺子

1. 原料配方

（1）皮料 面粉1000g、清水500g。

（2）馅料 牛肉700g、白菜400g、牛腱子肉汤120g、豆油80g、花椒水80g、酱油70g、葱末30g、姜末30g、香油20g、精盐8g、味精6g。

2. 操作要点

（1）面团调制 将面粉倒进容器内，加入清水和成面团，醒大约20min。

（2）原料处理 将牛肉剔尽板筋及筋膜，剁成高粱米粒大小的碎末；白菜切成末，撒入精盐2g拌匀略腌，再用手或纱布挤干水分。

（3）拌馅 将牛肉末加入花椒水、牛腱子肉汤、酱油、味精、葱末、姜末及精盐6g按照一个方向搅匀成黏糊状，放在阴凉处腌渍4h以上，加入白菜末、豆油、香油继续搅拌均匀成馅。

（4）擀皮、包馅 将面团揉匀后搓成长条，揪成大小均匀的小剂子，按扁擀成圆薄皮，放入与皮同等重量的馅，捏成月牙形饺子生坯。

（5）煮制 将生坯下入沸水锅内，随即将水顺一个方向推转，煮开后点凉水 2 次，至饺子鼓起，熟透揭盖捞出装盘即成。

二十、素什锦水饺

1. 原料配方

（1）皮料　面粉 1000g、清水 550g。

（2）馅料　水发粉条 400g、绿豆芽 150g、水发木耳 100g、姜末 20g、鸡精 10g、香油 40g、海米 60g、韭菜 200g、胡萝卜 100g、精盐 6g、味精 4g、十三香粉 2g、食用油 100g。

2. 操作要点

（1）面团调制　将称量好的面粉倒进容器内，加入清水和成面团，醒 15min。

（2）原料预处理　将韭菜、水发木耳择洗干净，均切成碎末；胡萝卜、绿豆芽洗净，均切成碎末；水发粉条、海米均切成末。

（3）拌馅　将粉条末、海米末、木耳末、胡萝卜末放同一容器内，加姜末、精盐、味精、十三香粉、鸡精、香油、食用油搅匀，再加入绿豆芽末、韭菜末拌匀成馅。

（4）擀皮、包馅　面团揉匀后搓成长条，揪成大小均匀的小剂子，按扁擀成圆薄皮，包入馅，捏成月牙形饺子生坯。

（5）煮制　生坯下入沸水锅内，随即将水顺一个方向推转，煮开后点凉水 2 次，至饺子鼓起，熟透揭盖捞出装盘即成。

二十一、老二位饺子

1. 原料配方

（1）皮料　面粉 1000g、清水 500g。

（2）馅料　牛腰窝肉 1000g、姜末 30g、精盐 6g、味精 4g、香油 100g、葱末 280g、酱油 30g、盘酱（用素油炸过的面酱）60g、花椒水 40g。

2. 操作要点

（1）原料处理　将牛腰窝肉去筋膜后用绞肉机绞两遍，牛肉一定要将筋膜去除干净，否则影响口感。

（2）面团调制 将面粉取出一半用 80℃ 热水烫透，再用 40℃ 温水加余下的面粉及烫面和匀成面团，醒 20min。

（3）制馅 将牛肉末加入葱末、姜末、酱油、精盐、味精、盘酱顺一个方向搅拌上劲，边搅边加入花椒水，再加入香油搅匀成馅。

（4）制皮、包馅 将面团揉匀后搓成条，揪成鸡蛋黄大小的剂子，按扁擀成圆薄皮，包入馅，烫面皮筋力较小，包制时注意不要露馅。捏成饺子生坯。

（5）蒸制 将生坯摆入蒸锅内，用大火足汽蒸 20min 直至成熟后取出。

二十二、咖喱牛肉饺子

1. 原料配方

（1）皮 特制粉 1000g、大油 230g、白糖 110g。

（2）酥 特制粉 1000g、大油 500g。

（3）馅 葱头 2000g、牛肉 930g、食盐 30g、白糖 30g、咖喱粉 30g、香油 110g、味精 16g、酱油 86g、鸡蛋 110g。

2. 操作要点

（1）搅拌 皮：将大油、白糖加适量水倒入搅拌机容器内搅拌均匀，然后再将特制粉投入机器继续搅拌均匀，软硬适宜。酥：将大油、特制粉入搅拌机搅拌均匀，软硬适宜。馅：首先将搅好的牛肉用酱油调制好，然后连同食盐、白糖、味精、香油一起搅拌机搅拌均匀后，再投入咖喱粉和事先剁碎的葱头，搅拌均匀，如硬可加适量的食油，如软可加适量的咖喱粉至软硬适宜。

（2）成型 将皮，酥分成相同的块数，然后以皮包酥，擀成长方形，分成 8 条，捏剂，用小擀面棍擀成圆片形，然后包馅，用勺舀馅包成饺子形，然后用花剁子剁成花边，码盘，刷一层鸡蛋。

（3）烘烤 将烤炉的炉温设定为 160～170℃，烘烤到底部为金黄色，上部烘烤到浅黄色即可。

二十三、鱼蓉四方蒸饺

1. 原料配方

（1）皮料　面粉 1000g、清水 450g、鸡蛋 100g。

（2）馅料　净鱼肉 700g、韭菜 300g、猪油 150g、姜末 100g、姜末 50g、香油 40g、料酒 16g、排骨精 10g、精盐 6g、味精 4g、十三香粉 2g、胡椒粉 2g。

2. 操作要点

（1）原料处理　先将韭菜择洗干净，切成碎末；净鱼肉洗净，剁成蓉，放进容器内。

（2）面团调制　面粉放进容器内，加入搅散的蛋液及适量清水和成面团，醒 20min。

（3）馅料调制　鱼肉蓉中加入姜末、料酒、精盐、味精、排骨精、十三香粉、胡椒粉、香油顺一个方向搅匀，再加入猪油、韭菜末拌匀成馅。

（4）制皮、包馅　将面团揉匀后搓成长条，揪成大小均匀的剂子，按扁擀成圆薄皮，放上馅，取两对边在中间捏严，四角露馅，成四方形饺子生坯。

（5）蒸制　将包好的饺子生坯摆进蒸锅内，用大火足汽蒸 15min 至成熟为止。

第三节　春卷类

一、蛋皮春卷

1. 原料配方

面粉 1000g、鸡蛋 20 个、食盐 25g、水淀粉 125g、猪肥瘦肉 1500g、韭黄 250g、绿豆芽 250g、罐头冬笋 250g、香油 75g、味精 10g、胡椒粉 10g、料酒 75g、酱油 75g、精炼油 5000g（约耗

500g)。

2. 操作要点

（1）调制面浆　把蛋液和食盐加入面粉中，再分次加入适量的清水，搅拌均匀，调成无粉粒的较稀的浆，最后加入少许水淀粉搅匀即成蛋面浆。

（2）制馅　将猪肉和冬笋分别切细丝，韭黄切成寸段，豆芽焯水晾凉。锅置火上，放少许精炼油烧热，下猪肉炒散，再加料酒、食盐、酱油炒干水分，再加冬笋翻匀起锅，冷后加调料和绿豆芽及韭黄拌匀即成馅心。

（3）制皮　锅置小火上，不断转动使之受热均匀，再用布蘸少许油脂炙锅。将锅端离火口晾至微热，倒入少许蛋面浆，逆时针转动平锅使之均匀粘上一层蛋面浆，再将锅置火上不断转动，使蛋面浆受热成熟，立即取出放入盘内。待摊完后再用刀均匀地交叉划3刀，使每张蛋皮成6瓣。

（4）包馅成型　取少许面粉加水调成面糊备用。取一张面皮，贴锅面向上、尖角向外放在案板上，将馅心放在靠近弧边的位置，卷一圈后将左端向内包叠，再卷一圈将右端也向内包叠卷成春卷形，交口处抹上少许面糊粘紧即成生坯。

（5）油炸　放油烧至六成热，下春卷不断翻炸，炸至色黄皮酥起锅。

二、荠菜春卷

（一）方法一

1. 原料配方

（1）皮料　面粉1000g、清水400g。

（2）馅料　荠菜700g、猪肉400g、稀面糊200g、湿淀粉200g、芝麻油80g、酱油60g、味精20g、精盐10g、菜子油800g、冷水850g。

2. 操作要点

（1）面团调制　将面粉放入容器内，加入冷水搅拌均匀，再加入冷水（淹没面团约 3cm）浸泡约 10min，沥去水。

（2）制春卷皮　在平锅上涂一层油后加热，用手抓起面团，手中面团往平锅上抹时，要在手中不停地甩动，一是为了使面团上劲，二是防止漏掉稀面，如发现平锅上的面皮有小疙瘩时，可用手中的余面团粘掉或用手抹平。然后在平锅上轻轻一抹成直径约 12cm 的圆面皮，面团即在平锅上粘成一层薄皮，手中余面放回，待平锅上的面皮边缘微张，用手揭下，即成春卷皮。做好后放在盘内，盖上湿布。

（3）制馅　将原料处理荠菜择洗干净，用沸水烫一下，剁碎；猪肉切成黄豆大的丁。

（4）拌馅　把猪肉丁放入锅内炒散，加冷水 850g，旺火煮沸后用湿淀粉勾芡，待烧至呈糊状时，盛出晾凉，加入荠菜、酱油、味精、芝麻油拌匀，即成馅料。

（5）包馅　取春卷皮一张，包入馅料大约 20g，手沾稀面糊，抹在春卷皮的周围，包卷成长方扁平状，用手将两头轻按一下使封口粘牢，春卷收口处一定要用稀面糊粘紧，以防炸制时散开。

（6）油炸　把锅放在旺火上，倒入菜子油 800g，加热到七成热时，下春卷生坯，炸春卷时要不停翻面，保证两面颜色均匀。油炸约 3min 后，呈金红色时即成。

（二）方法二

1. 原料配方

春卷皮 80 张，荠菜 500g，猪肋条肉 250g，熟冬笋 150g，酱油、白糖、精盐、黄酒、味精、湿淀粉、白汤、油各适量。

2. 操作要点

（1）原料预处理　先将荠菜洗净，投入沸水中焯片刻，捞入冷水漂洗取出，用刀斩成细末，挤干水。将猪肋条肉洗净，下水锅煮熟，取出切成小方丁；冬笋亦切成等量的小丁，待用。热油锅中倒入肉丁，加黄酒、酱油、白糖、精盐、白汤等烧沸，用湿淀粉勾芡，收浓汤汁起锅凉透后拌入荠菜即成馅心。

（2）包馅、油炸 用春卷皮将馅心包成长条形春卷生坯。炸油加热至140℃，再放入春卷生坯，炸至金黄色捞出即成。

三、韭菜春卷

1. 原料配方

春卷皮80张，嫩韭菜750g，猪肋条肉300g，酱油、白糖、黄酒、食盐、味精、湿淀粉、白汤、精制油各适量。

2. 操作要点

（1）原料预处理 先将猪肋条肉洗净，切成细丝。嫩韭菜洗净切段，注锅上火，放入肉丝煸炒，加黄酒、酱油、白糖、白汤、食盐、味精烧沸，用湿淀粉勾成厚芡，放入韭菜拌匀，起锅冷却待用。

（2）包馅 调好馅心口味，馅心勾芡要重，卤汁不宜多，包制时馅心不要外露。掌握好炸制时的油温。用春卷皮将馅心包成长条形春卷生坯待用。

（3）油炸 在炸锅中放入1000g的油，加热至140℃，逐个放入春卷，炸熟捞起沥油即可。

四、鸡丝春卷

1. 原料配方

春卷皮80张，熟鸡肉500g，猪肋条肉250g，熟笋、蛋皮、酱油、黄酒、白糖、精盐、味精、湿淀粉、白汤、精制油各适量。

2. 操作要点

（1）原料预处理 先将猪肋条肉洗净，切成细丝，熟鸡肉、熟笋、蛋皮也分别切成细丝。然后在热油锅中下入肉丝煸炒，加黄酒、笋丝、酱油、白糖、精盐、白汤略烧，用湿淀粉勾芡，再放进味精、鸡丝、蛋皮丝拌匀，起每冷却待用。

（2）包馅、油炸 用春卷皮包进馅心，做成长条形状，然后放入140℃热的油锅中进行油炸，炸熟即可。

五、猪肉春卷

1. 原料配方

春卷皮 12 张、五香豆干 200g、猪肉 150g、卷心菜 100g、胡萝卜 80g、淀粉适量、食用油 500g（实耗 50g）、酱油 1 大匙、精盐 2 小匙。

2. 操作要点

（1）原料预处理　先将五香豆干洗净、切丝；卷心菜剥开叶片、洗净、切丝；胡萝卜洗净、去皮、切丝。猪肉洗净，切丝，放入碗中，加入酱油、淀粉拌匀，并腌制 10min。锅中倒进适量油烧热，放入猪肉丝炒熟，盛出。

（2）整形　用余油把其余馅料炒熟，再加入猪肉丝及精盐炒匀，最后加入淀粉勾薄芡，即为春卷馅。

（3）油炸　把春卷皮摊平，分别包入适量的馅卷好。放入热油锅中炸至金茡色，捞出沥油即可。

六、白菜春卷

1. 原料配方

春卷皮 1000g、大白菜 700g、扁尖笋 500g、素鸡 300g、水发香菇 400g、香油（麻油）少许。

2. 操作要点

（1）原料预处理　先将扁尖笋放入清水中浸泡，泡出咸味后用手撕成细丝，改刀成一寸左右的段。再将大白菜洗净切丝。水发香菇切成细丝。素鸡切成细丝。再将锅中加入少许精制油，分别投入大白菜丝、香菇丝、扁尖笋丝，素鸡丝一起翻炒，火要大，炒菜动作要快，这样炒出的菜会具有菜的清香味。等大白菜熟烂之后打芡淋香油出锅备用。

（2）整形　将待炒出的馅料凉透之后，用春卷皮包成卷后用面糊封口。

（3）油炸　在锅中加精制油约 500g，待油温升到 150℃左右，放入已包好的春卷炸，待春卷炸成金黄色，出锅装盆即可。

第四节 盒子类

一、炸酥盒子

1. 原料配方

（1）皮料 面粉1100g、猪油1500g、白糖50g、炸制用油600g、普通干面100g。

（2）酥料 面粉1400g、猪油550g。

（3）馅料 枣泥馅1500g。

2. 操作要点

（1）和面 将面粉、猪油和适量水调和均匀，静置10min。

（2）制酥 面粉、猪油放在一起，擦匀搓透，硬度适中。

（3）包酥成型 包制时将油酥面团搓成条，摘成小剂，包入适量油酥面团和枣泥馅，然后擀成椭圆皮，先三折，再对折，掉转90°，擀成长15cm左右，从上端向下卷13cm，再横转90°，将所余2cm擀长，将圆柱两端封起，稍按扁，放倒，横向居中切开。露出酥层，将酥层蘸上干粉，酥层向上，按平擀成薄片。将云心花纹朝外，将馅放在中间，周围刷水，再擀一个面皮，沿圆周捏出花边，云心仍朝外，覆盖在刷水的面皮上，捏成四周薄中间鼓的圆饼。

（4）炸制 将生坯放到120～135℃油炸炉中油炸，油炸到生坯浮出油面后捞出沥油，即为成品。

二、蛋饼盒子

1. 原料配方

（1）皮料 面粉1000g、鸡蛋1000g、清水250g。

（2）馅料 猪瘦肉1000g、韭菜1600g、食用油600g、酱油80g、姜末40g、精盐20g、鸡精12g、味精8g、十三香粉4g。

2. 操作要点

（1）面糊调制　鸡蛋磕入容器内，加面粉、水及精盐 6g 搅匀成糊，注意面糊稠度要适中，以挑起缓慢滴落为准。

（2）预处理　将猪瘦肉剁成细末，然后将韭菜切成细末。

（3）拌馅　在锅内加油 60g 烧热，放入肉末煸炒至熟，出锅放入容器内晾凉，加入酱油、味精、十三香粉、姜末、鸡精搅拌均匀，再加入韭菜末，放入余下的精盐拌匀成馅。

（4）煎蛋饼　将平底锅烧热，然后刷一点油用手勺舀入蛋粉糊，摊平煎成薄蛋饼，蛋饼要厚薄均匀，不能太厚。取出铺在案板上。

（5）包馅、煎制　将拌好的馅分放在摊好的几张蛋饼上，包成长方形盒子生坯。平底锅刷油烧热，放上蛋饼盒子生坯，煎制时煎蛋饼盒子时要小心翻动，不要露馅。用小火煎至两面呈金黄色、熟透即成。

三、翡翠盒子

1. 原料配方

（1）皮料　面粉 1000g、清水 220g。

（2）馅料　猪肉 500g、鸡蛋 200g、菠菜 600g、韭菜 400g、鲜虾仁 100g、食用油 50g、酱油 40g、料酒 30g、姜末 20g、香油 20g、精盐 6g、五香粉 2g、味精 4g。

2. 操作要点

（1）原料处理　将猪肉剁成细末；鲜虾仁切成细丁；韭菜切碎；鸡蛋搅拌均匀，下入热油锅内炒成蛋花，再剁碎；菠菜切碎挤出绿菜汁。

（2）面团调制、发酵　将面粉放入容器内，加入绿菜汁和成面团，醒 15min。

（3）拌馅　将猪肉末内加入酱油、五香粉、料酒、精盐、味精、姜末搅匀，再放入虾仁丁、蛋末、韭菜末、香油搅拌均匀成馅。

（4）制皮、包馅　将绿色面团揉匀搓成细长条，揪成大小均匀的小剂子压扁，擀成圆饼皮抹上馅，上面覆盖另一张饼皮，将边沿捏紧，盒子皮一定要捏紧，以防煮制时露馅。锁成绳子形花边成盒子生坯。

（5）煮制 锅内加水烧开，下进生坯，边煮边用勺子沿锅沿推动，当盒子浮起时，点 3 次凉水，煮熟。煮盒子一定要加足量的水，水少了锅内容易混汤，盒子也容易破皮。捞出装盘即成。

四、煎饼春盒子

1. 原料配方

（1）皮料 面粉 1000g、清水 250g、鸡蛋 500g、精盐 10g。

（2）馅料 猪瘦肉丝 400g、绿豆芽 800g、韭菜 300g、食用油 200g、水发海米 50g、香油 20g、湿淀粉 20g、精盐 10g、鸡精 6g、味精 6g。

2. 操作要点

（1）面糊调制 将面粉内磕入鸡蛋，加入精盐 10g 及适量水调成稀糊。面糊稀稠适度，以挑起缓慢滴落为度。

（2）煎饼皮 在锅内刷油烧热，用手勺将稀面糊舀入锅内，摇动锅将面糊摊匀成薄圆饼，面糊放入锅中一定要尽快摊平，厚薄一致。用小火煎制，取出装盘。

（3）制馅 将原料处理韭菜切成段。在炒馅锅内加油 250g 烧热，下入肉丝煸炒至熟，下入绿豆芽、水发海米略炒，下入韭菜段、余下的精盐及鸡精、味精和香油，用旺火炒匀，用湿淀粉勾芡成馅，出锅装盘。

（4）包馅 将摊好的薄面饼，包入馅成长条形盒状坯。

（5）烙制 在平底锅内刷油烧热，放进制作好的饼盒坯，烙至两面呈金黄色取出装盘即成。

五、烙韭菜盒子

1. 原料配方

（1）皮料 面粉 1000g、温水 500g。

（2）馅料　韭菜 800g、鸡蛋 500g、食用油 100g、猪油 40g、精盐 6g、味精 4g、十三香粉 2g。

（3）刷油　食用油 200g。

2.操作要点

（1）和面　将面粉倒入和面机的容器内，用温水和成面团，稍微醒发。

（2）制馅　在锅内加油 100g 烧热，倒入鸡蛋液炒熟后倒在案板上晾凉剁碎，放入容器内。

（3）制馅　将韭菜末放到盛鸡蛋的容器内，加入所有调料（不加油）拌匀成馅。

（4）整形　把醒发好的面团搓成长条，揪成大小均匀的剂子，擀成圆皮，在一张皮上抹馅，另拿一张皮扣上，用手锁上花边成盒子坯，收口要捏严，以防烙制时露馅。

（5）烙制　在平底锅内刷油，放入盒子坯，小火烙制，以保证熟透不焦煳。烙大约 5min 后出锅即可。

六、炸韭菜盒子

1.原料配方

韭菜 1000g，虾仁 1000g，烧卖皮 200 份，太白粉 65g，盐 15g，鸡粉 15g，糖 60g，香油、胡椒粉、葱各少许。

2.操作要点

（1）虾仁预处理　先将洗净的虾仁，冲洗 20~30min，或将虾仁置于冰块水中，不停搅动 20~30min 后，沥干备用。稍微摔一下虾仁，至虾仁出现些许黏性即可。

（2）韭菜预处理　将韭菜切成碎断状，用热水氽烫，再用冰水急速浸泡，使之冷却，沥干后，尽可能将水分挤出备用。

（3）制馅　将上述虾仁、韭菜与盐、鸡粉、糖、香油、胡椒粉、葱、太白粉搅拌均匀。

（4）包馅　烧卖皮以上下覆盖方式，每一份包入馅料，四边再轻压密合。

第五章 饼类早餐食品

第一节 传统饼类

一、馅饼

1. 原料配方

面粉 1000g、猪肉 500g、葱末 250g、甜面酱 50g、芝麻油 50g、食盐 15g、味精 10g。

2. 操作要点

（1）和面 将面粉用凉水（或温水）和成软面团（1000g 面、600g 水左右），但不能过软，和后必须饧面。

（2）拌馅 将猪肉剁碎，放进盆内，加甜面酱、食盐、葱末、芝麻油、味精搅匀，搓成条，下剂子，按扁，包进馅料，收口，注意不要有疙瘩，口朝下，按成圆饼。

（3）油煎 将锅烧热，放油，包好的馅饼，逐个放在锅上，两面见金黄色时再淋些油，煎一下即成。

二、三鲜饼

1. 原料配方

（1）皮料 面粉 1000g、清水 500g。

（2）馅料 水发鱿鱼 500g、水发海参 500g、韭菜 500g、花生油 180g、猪油 50g、料酒 25g、香油 25g、姜末 25g、酱油 25g、鸡精 12g、精盐 8g、醋 5g、胡椒粉 3g。

2. 操作要点

（1）和面　将一半面粉放入容器内，加开水和成烫面，再加入凉水和剩下的面粉和成面团，烫面比例可随季节调整，夏季少一点儿，冬季多一点儿。

（2）原料处理　将水发鱿鱼、水发海参分别洗净，均剁成碎末；韭菜择洗干净，切成末。

（3）拌馅　将鱿鱼末、海参末、韭菜末放入同一容器内，加入所有调料（不加油）拌匀成馅。

（4）整形　将面团搓成条，揪成大小相等的剂子，按扁擀成直径 10～12cm 的圆面皮，将馅放在一张面皮上，把另一张面皮盖在卜面，周边捏严，锁上花边，收口捏严，以防烙制时露馅。

（5）烙制　在平底锅内刷上花生油，放入饼整形好的饼坯，小火烙制，以保证烙熟不焦煳。烙至两面呈金黄色、鼓起熟透即成。

三、羊肉饼

1. 原料配方

（1）皮料　面粉 1000g、温水 500g、泡打粉 20g。

（2）馅料　羊肉 1000g、食用油 300g、大葱 200g、酱油 20g、生姜 20g、料酒 20g、味精 6g、精盐 6g、胡椒粉 2g、五香粉 2g。

2. 操作要点

（1）和面　将面粉倒入和面机的容器内，加入泡打粉拌匀，再加温水和成稍软的面团，揉匀略醒。

（2）原料预处理　将羊肉、大葱、生姜均剁成末。

（3）拌馅　将羊肉末内加入食用油 50g 及其他所有调料拌匀成馅。

（4）整形　将面团搓成长条，揪成大小均匀的剂子按扁，押成薄片，包入馅，收口捏严，以防烙制时露馅，擀成圆饼坯。

（5）烙制　在平底锅内倒入食用油烧热，然后放入饼坯，小火烙制，以保证熟透不焦煳，烙至两面呈金黄色、熟透即成。

四、手抓饼

1. 原料配方

面粉 1000g、清水 500g、花生油 400g、黄油 400g、精盐 10g。

2. 操作要点

（1）面团调制　盐用清水溶解，加入面粉、清水和成面团。

（2）压面　将面团用压面机反复压光滑，然后用刀切成长方形面片。面要反复压片，直至光滑有光泽。再把压面机的厚度调至 2mm，取面片压成薄方形面片。

（3）刷油、醒发　黄油熔化加入花生油（120g）混合均匀，刷在面片上，黄油和花生油兑比要根据季节而定，冬季黄油少一点儿，夏季多一点儿。将面片两端向中间对折，刷油，再向中间对折，刷油，翻过来，再刷油，然后再从反面对折，刷油，放在方盘内，盖上保鲜膜，静置 2～4h。

（4）整形　将面团醒发到面筋松弛，将条抻长至 80cm，从两端向中间盘成两个圆，然后上下摞起来，再放在方盘内，盖上保鲜膜，放入冰箱冷藏 1h，取出，用面杖擀成直径为 20cm 的圆饼生坯。

（5）煎制　平锅内加花生油，烧至六七成热，放入生坯煎至一面发黄挺身后，翻过来再煎另一面，煎至两面呈金黄色。煎饼时要随煎随加油；翻饼时将饼稍折，这样煎出的饼松散。

五、糖筋饼

1. 原料配方

（1）皮料　面粉 1000g、热水 500g、猪油 150g。

（2）馅料　白糖 500g、猪油 300g、熟面粉 200g、香油 200g、青红丝 60g。

2. 操作要点

（1）和面　将面粉用热水烫好，加猪油揉匀成面团。

（2）制馅　将青红丝切碎，面粉炒熟或烤熟。拌馅熟面粉内加入青红丝、白糖、猪油、香油搓拌成馅。

（3）整形　将面团搓成长条，揪成大小均匀的剂子按扁，包入糖馅，收口要捏严，以防烙制时露馅，擀成圆形饼坯。

（4）烙制　把饼坯放入烧热的平底锅内，不刷油，进行小火干烙，以保证熟透不焦煳。用小火烙至饼两面出现芝麻花点、鼓起时即熟，取出装盘即成。

六、荷叶饼

1. 原料配方

面粉 1000g、香油 100g、热水 400g。

2. 操作要点

（1）和面　将面粉用 80℃热水烫透，面团烫后，散发热气，稍撒点冷水后揉成团。然后在和面机内搅拌成面团，要搅拌均匀，面团要柔软一点，不仅能保证成型，还能使成品口感更软糯。

（2）整形　面团搓成长条，揪成 40 个大小均匀的剂子按扁，在一半的剂子上刷上香油，两张饼之间的油量不要太多，只要能分开即可。将刷过油的剂子与不刷油的剂子扣在一起，擀成直径 10cm 的双层面薄饼生坯，擀时要反、正两面擀，防止大小不匀。

（3）烙制　将生坯放入平底锅内，用小火烙至两面起小麻点，熟后取出，放在案板上轻摔一下，揭开成两张饼，每张饼对折两次，成三角形摆入盘内即成。

七、猪肉馅饼

1. 原料配方

（1）皮料　面粉 1000g、开水 300g、凉水 300g、精盐 10g。

（2）馅料　猪肉 1000g、韭菜 600g、花生油 300g、酱油 70g、香油 60g、精盐 15g、大葱 10g、料酒 10g、味精 6g、生姜 6g。

2. 操作要点

（1）面团调制　将面粉加盐（10g），用开水（300g）烫成雪花状，再用凉水（300g）和成面团，揉匀揉透，醒 40min。要注意烫面和冷水面的比例要根据季节而定，冬季烫面要多些，夏季要少。

（2）原料处理　大葱、生姜切成细末；韭菜择洗干净，切成碎末；将猪肉切成3mm见方的丁，加酱油腌渍。

（3）拌馅　将猪肉丁、葱末、姜末和韭菜末拌匀，再加花生油（160g）、料酒、精盐、味精、香油拌匀成馅。

（4）整形　将揉好的面团搓成长条，分成每个约40g重的剂子，将面剂擀成直径10cm的圆饼，包上适量馅，收口朝下，再擀成直径8cm的圆饼，面皮要薄，但不能露馅。包好即为饼坯。

（5）煎制　平锅内放花生油，放入圆饼坯，用中火煎至两面金黄即可。

八、肉千层饼

1. 原料配方

（1）皮料　面粉1000g、温水500g、精盐5g。

（2）馅料　羊里脊肉200g、香油120g、食用油120g、啤酒60g、花椒水50g、八角水50g、精盐5g。

2. 操作要点

（1）面团调制　在面粉内加精盐5g，倒入和面机内搅拌均匀，加水和成面团，醒20～30min。

（2）制馅　把羊肉里脊剁成泥，加入花椒水、八角水、啤酒顺一个方向搅拌上劲，再加入精盐和香油、食用油搅匀成馅。

（3）整形　把面团擀成0.3～0.5cm厚的大薄片，在上面均匀地涂抹一层羊肉馅，抹羊肉馅一定要均匀，以保证层次分明。再卷成直径8～12cm粗的卷，切成12～15cm长的段。取一段将两边各压扁3cm，将压扁的两端向中心折压，再翻过来，用双手搓成圆形，再压扁擀成0.5～1.5cm厚的面饼坯，在擀制面饼坯时要两面擀，以免厚薄不均。

（4）烙制　在平底锅内倒入少许油，再放入饼坯，烙到底部发黄时翻面，直至两面呈金黄烙熟即可。

九、黄金大饼

1. 原料配方

面粉 1000g、食用油 800g、清水 400g、芝麻 300g、鸡蛋 200g、酵母 20g、泡打粉 10g、椒盐 10g。

2. 操作要点

（1）和面　将面粉加水、泡打粉、酵母和匀，稍微醒发，大饼别发过头，因此面团和好以后，要马上把大饼做出来。大约发酵 5min。

（2）整形　将发酵好的面团擀成薄片，刷上一层油，撒上少许椒盐，卷成长卷，揪成剂子后制成圆形面饼。把鸡蛋打散后刷在面饼上，面饼粘上芝麻后，芝麻粘裹要均匀，发酵大约 10min。

（3）蒸制　将面饼放到蒸锅内，大火蒸 15min 左右至熟，取出备用。

（4）油炸　先将锅内加入油，加热到四五成热时，将蒸好的面饼放到油锅中，炸至面饼表面呈金黄色即可起锅。炸制过程中不能掉芝麻，控制油温，以免炸煳。将炸好的大饼改刀，产品具有色泽金黄、香脆可口的特点。

十、金丝饼

1. 原料配方

面粉 1000g、水适量、猪油少许、葱花适量、盐少许、五香粉少许、白芝麻适量。

2. 操作要点

（1）原料处理　将猪油炸过后，爆香葱段后沥出猪油，与盐、五香粉搅拌成板油泥备用。

（2）和面　将面粉与水搅拌均匀后擀平，涂上板油泥，口起后再擀平成 1cm 片状面皮。将面皮切成细长的丝条状，用手拉长后，缠绕成圆塔状。将圆塔表面稍微压平，放上少许白芝麻。

（3）油煎　在 200℃的铁板（或平底锅）上，涂上少许油后煎饼。一边煎一边压型，多次翻面煎至两面金黄即可。

十一、葱花鸡蛋饼

1. 原料配方

面粉 1000g、鸡蛋 500g、豆油 300g、清水 260g、葱 160g、精盐 10g、五香粉 3g。

2. 操作要点

（1）原料处理　将鸡蛋打入容器里，把蛋液搅拌均匀，葱切成末备用。

（2）面糊调制　将面粉、精盐、五香粉一起放入盛有鸡蛋液的容器内，加温水调制成糊，加入葱末搅匀。

（3）煎制　平底锅内加豆油烧热，用勺舀入蛋糊，摊成圆薄饼，用小火煎至底面呈金黄色，翻个，继续用小火煎至呈金黄色，铲出装盘即成。

十二、麻香煎饼

1. 原料配方

面粉 1000g、鸡蛋 750g、油炸花生仁 500g、白糖 370g、熟白芝麻仁 250g、花生油 250g、温水 200g、泡打粉 10g。

2. 操作要点

（1）原料处理　将油炸花生仁搓去薄皮，压碎后备用。

（2）面糊调制　将鸡蛋磕入容器内加白糖搅散，加入面粉、泡打粉、碎花生仁、熟白芝麻仁，用温水调成面糊。

（3）煎制　在平底锅内刷花生油烧热，倒入面糊，用火煎至面糊两面呈金黄色、熟透后取出装盘即成。

十三、鲜肉馅饼

1. 原料配方

面粉 1000g、肥瘦猪肉 700g、韭菜 300g、姜末 20g、酱油 50g、精盐 30g、黄酒 20g、味精 5g、芝麻油 50g、花生油 200g。

2. 操作要点

（1）制馅　将猪肉切剁成小肉丁，韭菜切末，放进盆内，加入姜末、酱油、精盐、黄酒、味精、芝麻油，拌匀成馅。

（2）和面、整形　将面粉放进盆内，加水 600g 和成软面，揉搓成长条，做 60 个面剂，逐个压扁，放上馅料包好，包口朝下，轻轻压扁成直径约 50cm 的圆饼。

（3）烙饼　将平锅烧热，加入花生油，烧至五六成热时，把馅饼整齐地摆进锅内，用小火烙至两面硬、皮呈深黄色即成。

十四、菜肉煊饼

1. 原料配方

面粉 1000g、猪肉 1500g、葱 100g、韭菜 100g、花椒盐 20g、芝麻油 30g、花生油 200g。

2. 操作要点

（1）制馅　猪肉切丁，葱和韭菜分别切碎。把肉丁、葱、韭菜加花椒盐、芝麻油一起拌成馅。

（2）和面、整形　将面粉放在容器内，加适量水和好（和软一点）。把和好的面分成五份，逐个擀成三角形，把肉馅分摆在三角形角皮上，卷起并用双手一拧，再用小木轴擀成直径约 20cm 的饼。

（3）烙饼　将擀好的饼放在鏊子里烙至呈黄色后，取出，在饼鏊里放一层干净碎瓦块或石子，把饼放在上面，在饼上刷一层花生油，盖好盖，通过碎瓦块或石子传热烘烤，共翻四次，每次都要刷油，烤熟取出。

十五、胭脂山药饼

1. 原料配方

山药 1000g、干淀粉 136g、红果 113g、白糖 450g、糖桂花 45g、花生油 900g。

2. 操作要点

（1）原料预处理、和面　将山药洗净，蒸熟，剥去皮，过罗。

干淀粉擀碎过细罗后，掺进熟山药中，揉成面团。

（2）制馅 将红果洗净，剔去果核，放进锅中，加入凉水450g，在微火上煮，直到汤汁熬尽的时候再取出过罗。然后，放进锅中，加入白糖和糖桂花，在微火上炒到黏度能立住筷子时，即成红果馅。

（3）包馅 将山药面团揪成40个小剂子，每个小剂摁成周围薄、中间厚的圆皮，包上约45g的红果馅，揪去收口处的面头，在湿布上摁成直径6cm的小饼。

（4）油炸 将锅内倒入花生油，在大火上烧到四成热时，将山药饼分批下入油里，炸至呈金黄色时即成。

十六、菜肉小饼

1. 原料配方

羊肉1000g、白菜2500g、面粉1500g、黄酱200g、葱末100g、精盐300g、芝麻油200g、姜末20g、花生油200g、花椒水100g。

2. 操作要点

（1）制馅 将羊肉洗净，绞成肉末，放在盆中，加入黄酱、精盐、姜末、花椒水搅匀。然后将葱末放在肉上，淋洒上芝麻油拌匀。同时将白菜洗净，剁成碎末，挤去水分，与肉一起拌成馅。

（2）和面 将面粉1000g放在盆中，倒入温水700g，用擀面杖搅拌，和成很软的面，饧20min。

（3）包馅 在案板上铺撒面粉500g，将软面团放在上面，滚上面粉，用手揪下一块约25g重的面剂摁扁，放上大约50g馅，将四周兜起包上馅，在手中一团即封好口。随即揪去收口处的面头，用手摁成圆饼。

（4）烙饼 在饼铛放置微火上烧热，刷上花生油，逐个放入包好的圆饼，烙两分钟后翻个身，盖上铛盖，再烙2min。然后将饼仍翻过去，放在饼铛四周烙2min即熟。

十七、香脆三角饼

1. 原料配方

面粉 1000g、鸡蛋 100g、白萝卜 1000g、水发海米 40g、葱 40g、姜末 40g、食油 1000g（实耗 300g）、精盐和味精适量。

2. 操作要点

（1）原料预处理　将白萝卜切成细丝，用开水略焯捞出，冷却后挤干水分，食油用文火烧热，用葱、姜末炝锅，下水发海米炒黄，放白萝卜、精盐、味精，迅速煸炒后出锅，制成馅，晾凉。

（2）和面　在面粉中打入鸡蛋、加水和成软面团，揉匀，盖上湿布静置5min。将面团搓长揪成25g个的小剂子，擀成圆皮，半面抹上白萝卜馅，将另半面折过来捏紧口，再将两角对折捏紧边缘，制成三角饼的生坯。

（3）油炸　将炸油加热到120℃放进生坯，慢炸勤翻。待炸至两面金黄时捞出。

十八、如意枣泥饼

1. 原料配方

面粉 1000g、温水 500g、枣泥 500g、食用油 250g、香油 125g。

2. 操作要点

（1）面团调制　将面粉倒入和面机内，用温水和成软面团，静置 15min 左右。

（2）制馅　将枣泥加入香油调匀即可。

（3）整形　把调制好的面团擀成 1cm 厚的大片，放上枣泥抹匀，从一头向上卷成宽条，再从中间顺长向切开，切开的两条刀口面朝上，从两头向中间卷起，卷好后再搓成饼坯。

（4）烙制　在平底锅内倒入食用油，放入饼坯，用小火烙至熟透即成，食用时切成几段，即可上桌。

十九、香甜五仁饼

1. 原料配方

（1）皮料　面粉 1000g、清水 1000g、

（2）馅料　白糖 180g、熟核桃仁 120g、熟瓜子仁 120g、熟花生仁 120g、熟松子仁 120g、熟芝麻仁 100g、花生油 150g。

（3）烙饼油　花生油 50g。

2. 操作要点

（1）和面　将面粉倒入和面机的容器内，加温水和成略软的面团稍醒。

（2）制馅料　将熟花生仁去皮，碾碎，将其他仁料也切碎。仁料切碎时，粒度大小应一致，太大擀制时会戳破面皮，太小会造成损失。放入同一容器内，加入白糖，最后加入花生油，用油调整馅料的软硬，搅拌均匀，制成馅料。

（3）整形　将面团搓成粗长条，揪成均匀的剂子，擀成周边薄、中间稍厚的圆饼皮，包入五仁馅料，封口捏严成球状，再按扁擀成圆饼坯，收口捏严，以防烙制时露馅。

（4）烙制　在平底锅内加花生油烧热，放入饼坯，用小火烙至底面呈微黄时翻个，烙至两面皮酥、熟透铲出装盘即成。

二十、黄金大麻饼

1. 原料配方

面粉 1000g、酵母 18g、葱花 100g、芝麻 100g、椒盐 18g、豆油 1660g、食碱 1.3g。

2. 操作要点

（1）和面　先将面粉加入酵母，用温水和成面团揉匀，保持 30℃温度饧发 30min 左右，即加入食碱揉均匀备用。

（2）整形　葱白洗干净切成末备用，把面团压扁洒上干面粉，擀成长方形薄片，上面均匀地刷上油，洒上葱花、椒盐并用手抹均匀，从左向右卷起来后，再立起来，压平擀开成直径 30cm 左右、

薄厚均匀的饼形，上面抹些水，洒上芝麻即可。

（3）蒸制　将整形好的坯料放在铺好笼布的笼屉上，大火蒸30min取出晾凉。

（4）油炸　将锅上火，加豆油后烧热，将晾凉的饼放在走勺上下入油中炸至呈金黄色捞出，切成块装盘即成。

二十一、煎萝卜丝饼

1.原料配方

（1）皮料　面粉1000g、热水400g。

（2）馅料　萝卜1000g、猪油125g、火腿末125g、花生油125g、大葱75g、精盐25g、味精5g。

2.操作要点

（1）面团调制　将面粉用80℃的水和成烫面晾凉揉匀揉透。

（2）制馅原料处理　萝卜洗净切成细丝，撒上少许精盐腌渍，然后把水沥干；大葱切成豆瓣状；将猪油切成3mm见方的丁。

（3）拌馅　将萝卜丝、葱花、猪油丁拌匀，再加入味精、火腿末、精盐拌匀备用。

（4）制皮、包馅　将揉好的面团搓成长条，分成等量大小的剂子，将剂子擀成圆皮，在圆皮内包入萝卜馅，收口朝下，按成直径4cm圆饼状，即成饼坯。

（5）煎制　平锅内淋少许花生油，放入圆饼坯，用中火煎至两面金黄即可。

二十二、平锅烙烧饼

1.原料配方

面粉1000g，面肥200g，麻酱100g，芝麻100g，植物油、食盐、碱各适量。

2.操作要点

（1）和面、整形　先将面粉加水和面肥，调成面团，好对碱，擀成薄片，抹上麻酱（加水或油调稀，有的用花椒面和茴香末调），卷成卷，下 1 个 50g 的剂子，搓圆后按扁，上面均匀的刷上糖色，撒上芝麻。

（2）烙饼　整形好后在平锅（饼铛）去进行两面烙，并适时翻个，并要转动位置，快烙熟时，移开平锅，放入炉内周围，略烤几分钟即成。

二十三、葱花椒盐油饼

1. 原料配方

面粉 1000g、猪油 150g、葱花 55g、酵母 18g、椒盐 18g、食用碱 1.5g。

2. 操作要点

（1）和面、发酵　先将面粉加入酵母，用温水和成面团揉匀，保持 30℃温度饧发 30min 左右，发透、发好即成。

（2）整形　把发好的面团加入食碱揉均匀，揉光，搓成粗条，揪成 10 个大小均匀的剂子，把剂子逐个搓成细条，再用手压扁，擀成长薄片，上面抹上猪油，抹匀后洒上葱花、椒盐，用手左右抹均匀。再从右向左卷起来，卷好，立起来压好，一擀即成，逐个做好即可烙制。

（3）烙饼　把电饼铛烧热，将做好的饼坯放入，盖上盖烙几分钟，使之呈金黄色。翻过来再烙另一面，同样盖上盖，使之烙至金黄色，用铲子铲出装盘即成。

第二节　特色饼类

一、清油饼

1. 原料配方

面粉 1000g、植物油 300g、食盐和碱各适量。

2. 操作要点

（1）和面　面粉中加入溶化盐水（盐水增加筋性，如过硬可

"扎"点水，如劲仍不足，可适量加点碱），揉成面团，饧过后摔摔，溜大条，开小条，至"六扣"时，切成100g一个，约4寸长的段，刷油，先刷一面，翻过再刷另一面，要求根根刷到油，以防粘连，但油又不能太多。

（2）整形　刷油后盘上，先从剂子一头卷起来盘，另一头在剂子下面，要盘上劲（但又不能盘得太紧），盘成圆形，再用手轻轻按扁。

（3）刷油烙制　锅上抹油，烧热，取饼上锅（拇指在里，四指在外拿起），先用大火烙，翻过刷油，再翻过去刷油。然后用中火烙熟，呈金黄色，取出放盘，用湿布盖5min左右，湿布拿开，用手磕散。

二、两面焦

1. 原料配方

玉米面1000g，面粉400g，面肥300g，白糖400g，红糖、植物油、食碱各少许。

2. 操作要点

（1）和面糊　将玉米面、面粉掺和均匀，加入面肥，用温水和成软面团，视面团发酵程度，加入适量碱液，再加入白糖搅拌均匀，呈稠糊状。

（2）油烙　将烤盘刷上油，把玉米糊舀入盘内，摊子放入烤箱，过5～6min取出，刷上一层红糖水，再烤5～6min，视玉米糊定形鼓起，呈焦红色即成。

3. 注意事项

玉米面团发酵要发透。烤盘内要抹油，否则易粘烤盘。玉米面糊入烤箱烤至稍硬时取出，趁热抹一层红糖水，这样使两面焦易上色。

三、糖酥煎饼

1. 原料配方

小米1000g、白糖400g、豆油12g、食用香精少许。

2. 操作要点

（1）调糊　一部分小米放入锅内，加水煮熟后晾凉，其余的生小米放水内泡 3h，加入熟小米搅匀，加水磨成米糊（米糊不可过稠，否则不易摊制），如过稠加水糊勾，将白糖、食用香精加入米糊内搅匀。

（2）油煎　将煎饼鏊子烧热，用布蘸豆油擦一遍鏊子。左手用勺盛米糊倒在鏊子中央，右手用耙子把米糊顺时针旋转摊成圆饼形，然后再用耙子刮开，动作迅速，厚薄均匀，边刮边熟，至刮平后饼已熟透，用铲子沿边铲起，双手顺边揭起，并趁热在子鏊上折叠成长方形（长约 18cm，宽约 6cm），取出后即可。

四、山东煎饼

1. 原料配方

小米面 1000g、黄豆面 100g、油适量。

2. 操作要点

（1）调糊　将小米面、黄豆面混均加水调成糊状，盛到盆里使其稍微发酵。

（2）油煎　煎饼鏊子烧热，平底锅涂油后，左手盛一勺米糊倒在鏊子中央，右手用煎饼耙子尽快把米糊沿顺时针方向摊成圆饼形，约 1min 即熟。用刮刀沿边刮起煎饼的边缘，双手提边揭起。

五、荞麦煎饼

1. 原料配方

荞麦粉 1000g，绿豆芽 1000g，羊肉 330g，鸡蛋 160g，葱花、姜末、盐、苏打、水淀粉、花椒、花生油、醋各少许。

2. 操作要点

（1）制糊　在荞麦粉中加入打匀的蛋液、少许苏打及盐，先揉成硬面团，再分次加水，拌和成稠糊状（这样和成的面做出的煎饼不易碎）。

（2）辅料预处理　将羊肉切细丝，加少许水淀粉及盐拌匀，绿豆芽择洗干净。炒锅上火，倒入适量油，待油七八成热时滑入肉丝和葱花、姜末，肉丝炒熟后，倒入盘中。炒锅洗净再放火上，锅热后倒油，油快冒烟时下入几粒花椒，待花椒炸出香味时取出不用，加入盐及控干的绿豆芽，大火煸炒几下，淋入少许醋，倒入肉丝炒片刻，即可盛出。

（3）油煎　煎锅放火上烧热，涂上油，倒入适量面糊，摊开，煎烙片刻，翻个面儿，几分钟即可出锅。将炒好的肉丝绿豆芽放在煎饼上，卷好即可食用。

六、薄脆烙饼

1. 原料配方

精面粉 1000g、标准粉 860g、白砂糖 860g、猪油 230g、鸡蛋 50g、芝麻 86g、精盐 10g。

2. 操作要点

（1）和面　将精面粉和标准粉混合过筛。将猪油加热熔化后倒入盆中，加入白砂糖、鸡蛋、芝麻、精盐拌匀。加入混合粉，揉至面团细腻、软硬适度为止。

（2）成型　将面团搓圆压扁，用擀面杖擀成 1.5mm 厚的面皮。用直径 5cm 的金属圆筒，将面皮切割成一个个圆片。

（3）烙饼　放入平底锅内，以中火烤烙约 2min。待面坯略呈黄色，翻过来再烤烙 1min 即成。

七、烫面煎饼

1. 原料配方

荞麦面 1000g、鸡蛋 200g、黄瓜 100g、葱 50g、花生油 50g、甜面酱 50g、盐 10g。

2. 操作要点

（1）和面　荞麦面放盆中，倒入适量沸水，用筷子搅拌，待不烫手时，加干面粉揉成软面团备用。

（2）拌料　鸡蛋打入碗中，加少许盐及切好的葱花搅匀，上油锅煎成蛋饼，用铲搅碎，盛入盘中。黄瓜洗净，切成丝，葱切成长约 4cm 的段，再竖破成长丝。

（3）整形　荞麦面团放在案板上，搓成直径 3cm 的长条，揪成剂子，用擀面杖擀成薄饼。

（4）油煎　煎锅放水上烧热，涂上油，放入荞麦薄饼，用文火烙熟，吃时拌上少许黄瓜丝，把薄饼卷起即可。

八、烙三鲜饼

1. 原料配方

（1）皮料　面粉 1000g、清水 500g。

（2）馅料　水发鱿鱼 500g、水发海参 500g、韭菜 500g、花生油 180g、猪油 50g、料酒 25g、香油 25g、姜末 25g、酱油 25g、鸡精 12g、精盐 8g、醋 5g、胡椒粉 3g。

2. 操作要点

（1）和面　将一半面粉放入容器内，加开水和成烫面，再加入凉水和剩下的面粉和成面团，烫面比例可随季节调整，夏季少一点儿，冬季多一点儿。

（2）原料处理　将水发鱿鱼、水发海参分别洗净，均剁成碎末；韭菜择洗干净，切成末。

（3）拌馅　将鱿鱼末、海参末、韭菜末放入同一容器内，加入所有调料（不加油）拌匀成馅。

（4）整形　将面团搓成条，揪成大小相等的剂子，按扁擀成直径 10~12cm 的圆面皮，将馅放在一张面皮上，把另一张面皮盖在卜面，周边捏严，锁上花边，收口捏严，以防烙制时露馅。

（5）烙制　在平底锅内刷上花生油，放入饼整形好的饼坯，小火烙制，以保证烙熟不焦煳。烙至两面呈金黄色、鼓起熟透即成。

九、烙羊肉饼

1. 原料配方

（1）皮料　面粉 1000g、温水 500g、泡打粉 20g。

（2）馅料　羊肉 1000g、食用油 300g、大葱 200g、酱油 20g、生姜 20g、料酒 20g、味精 6g、精盐 6g、胡椒粉 2g、五香粉 2g。

2. 操作要点

（1）和面　将面粉倒入和面机的容器内，加入泡打粉拌匀，再加温水和成稍软的面团，揉匀略醒。

（2）原料预处理　将原料处理羊肉、大葱、生姜均剁成末。

（3）拌馅　将羊肉末内加入油 50g 及其他所有调料拌匀成馅。

（4）整形　将面团搓成长条，揪成大小均匀的剂子按扁，捭成薄片，包入馅捏严口，收口捏严，以防烙制时露馅，擀成圆饼坯。

（5）烙制　在平底锅内倒入食用油烧热，然后放入饼坯，小火烙制，以保证熟透不焦煳，烙至两面呈金黄色、熟透即成。

十、豆馅贴饼子

1. 原料配方

玉米面 1000g、豆沙馅 1000g、水适量。

2. 操作要点

（1）和面　将玉米面放入盆内，用温水和匀，分成 10 份，并逐一包入豆沙馅，捏成椭圆形团子。

（2）烙饼　将大铁锅内放 2000～3000g 水，待水开、锅热后，把豆馅团子按扁贴在锅帮上，用手稍按一下，盖严锅盖，用微火烧约 20min。

3. 注意事项

贴饼子面不宜太软，否则贴不住。贴饼子要等锅烧热再贴，贴好后要盖严锅盖，用微火焖烤。

十一、糯米红薯饼

1. 原料配方

红薯 1000g（去皮后净重）、糯米粉 200g、白糖 100g。

2. 操作要点

（1）制红薯泥　将红薯放沸水蒸锅架上，用中大火蒸 15min

到熟透后，取出后趁热用搅拌成泥。

（2）和面　放入糯米粉、白糖、约一汤匙水，充分揉匀（干湿度适中）。

（3）整形　取适量薯泥用双手先搓成丸子，再用双掌拍打成饼状。

（4）油煎　锅中放油烧到八成热，放入苕饼用中火煎 8min，煎的过程中要时经常将饼翻面，两面都要煎好。

（5）沥油　熄火后用铲将每个饼在锅边压出油分。

十二、高粱面烙饼

1. 原料配方

高粱面 1000g、葱花 100g、食油 100g、精盐 20g、五香粉 6g、温水 2000g。

2. 操作要点

（1）调面糊　将高粱面放入盆内，加入葱花、精盐、五香粉搅匀，倒入温水用手或筷子搅打，搅成较有筋性的面糊。

（2）涂油烙制　将平底锅置火上烧热，淋入食油，涂抹均匀。然后用勺舀面糊匀地摊在锅底，中火烙制 1～2min，待面饼表面变色后，用手或铲把饼翻过来烙制，待两面呈黄色即熟。

十三、薯粉家常饼

1. 原料配方

薯粉 1000g、植物油 530g、面粉 2300g。

2. 操作要点

（1）和面　将薯粉、面粉和精盐同放一个干净的盆内匀后加适量冷水和成面团，揉透至表面光滑。

（2）整形　将揉好的面团切成约 200g 一块的面剂，逐个将面剂擀成圆形薄片，刷上一层油后折叠起来，抻长盘圆，再擀成直径约 20cm、厚 1cm 的圆饼坯。

（3）烙制　取平底锅置炉火上烧热，锅底刷上一层油，待油热后将饼坯放入用小火烙，饼面上刷上油，烙 5min 后翻过来再刷油，再烙 5min 即熟，出锅，切成小块装盘上桌供食。

十四、玉米面小饼

1. 原料配方

玉米面 1000g、大豆粉 500g、小米粉 330g、白糖 280g、青丝 80g、红丝 80g、熟芝麻 50g、葡萄干末 150g、酵母 18g。

2. 操作要点

（1）和面　先将玉米面和大豆粉、小米粉加酵母、白糖，加 40℃左右的温水并用筷子搅成面团，饧发 30min 左右。再将饧发好的玉米面加入食碱、水搅均匀成糊状，再加入葡萄干末，搅拌均匀。把青丝、红丝切important和熟芝麻拌和均匀备用。

（2）整形、烙制　将电饼铛烧热刷上油，用小勺将玉米面倒在铛面上成 6cm 大小均匀的小饼状，上面洒上青丝、红丝、芝麻，洒匀后即盖上铛盖，烙一会即用小铲将饼翻过来，再烙一会即成。

十五、五色玉兰饼

1. 原料配料

糯米粉 10kg、面粉 2kg、豆油 640g、鲜肉馅 1kg、菜猪油馅 1kg、豆沙馅 1kg、玫瑰白糖馅 1kg、芝麻馅 0.8kg、开水 1.2kg、冷水 4kg。

2. 操作要点

（1）和面　面粉用 1.2kg 开水冲泡成浆状，再将糯米粉用冷水 4kg 调成浆状，二者混合拌和擦揉均匀，醒约 5min 即可制皮，每只皮重为 40g。

（2）包馅　将柔软的粉团捏成圆形凹底皮子，包入馅心收口稍搓即成饼坯。包入不同馅心需捏成不同形态，以便识别。

（3）油煎　平底锅放入豆油，用大火烧热，然后把饼坯放入锅内，先正面朝下煎，待饼发起，翻身煎约 5min，再翻身煎约 2min

即可起锅。

十六、小米糖酥煎饼

1. 原料配方

小米 1000g、白糖 200g、豆油 4g、食用香精适量。

2. 操作要点

（1）调糊 将小米洗干净，取 1000g 入锅内加水煮熟，晾凉，其余放入清水中浸泡 3h，加入熟小米拌匀，用小磨（或电磨）磨成米糊，应勤放少放，否则易使米糊不匀，米糊更不宜过浓，否则摊时不易刮平，若磨出后过浓，可酌加清水。

（2）调味 磨好糊后，加入白糖、食用香精，要搅拌多次，至均匀方可。

（3）油煎 将一直径为 50～60cm 的铁制圆形整子烧热，火势要均匀，用蘸有食油的布把整子擦一遍，然后左手用勺把煎饼糊倒在整子中央，右手持刮子迅速顺整子边缘将糊刮匀，先外后里刮成圆形薄片。操作要迅速，摊刮用力要均匀，使米糊厚薄一致，一般刮平后煎饼就已熟透，用小铲沿边铲起，两手顺锅边揭起，趁热在整子上折叠成长约 20cm、宽约 7cm 长方形。叠饼要越快越好，一次成功。边缘应有适当的空隙，叠好后，用压板轻轻压平晾干即成。

十七、小米面摊烙饼

1. 原料配方

小米面 100g、黄豆面 100g、发酵粉 100g、食油 60g。

2. 操作要点

（1）制面糊 将小米面、黄豆面放入盆内，加入凉水调成糊状，将发酵粉用温水解开，放入糊中，搅匀发酵 2h，温度 25℃。

（2）烙制 将平底整子置火上，烧热后，淋入少许食油，抹匀锅面，用勺舀入面糊 150g 摊开，盖严锅盖，约烙 1～2min，至饼皮呈金黄色时，揭盖取饼，用铲对折成半圆形，即可食用。

十八、豆沙甜酒烙饼

1. 原料配方

面粉 1000g、甜酒 120g、白糖 300g、生油 80g、豆沙 1000g、水适量。

2. 操作要点

（1）面团调制　把甜酒、白糖与面粉混合搅拌均匀，然后慢慢淋入温水，揉成光滑的面团。面团要揉匀饧透，揉至表面光滑不粘手为宜。盖上湿布放在温暖处，使其发酵。

（2）下剂　待其发酵膨胀成两倍大时，搓揉成长条状，再按规格要求分成小块面坯。

（3）包馅成型　将面坯逐个按扁，包入豆沙少许，捏拢收口，按成圆形面饼。

（4）油烙　在面饼上刷上一层生油，放入烧热的平底锅上油烙，一面烙熟后，翻身再烙另一面，至面饼发红有光、有弹性、两面金黄时即取出。

十九、小米面菜烙饼

1. 原料配方

小米 1000g、豆腐 600g、粉条 200g、韭菜 300g、花生油 100g、葱末 6g、姜末 6g、精盐 10g。

2. 操作要点

（1）调糊　将小米淘洗干净，用水泡透，用磨把小米磨成糊，用鏊子把米糊摊成 7 个煎饼。

（2）制馅　把豆腐、粉条煮透后，剁碎，韭菜洗净切碎。炒勺里加花生油（30g），油热后加入葱末、姜末，炸出香味后，加入豆腐煸炒 1min，放入粉条、精盐拌炒一会，盛出晾凉后放入韭菜拌匀，制成馅。

（3）整形　把煎饼铺平，把豆腐菜馅（100g）放在煎饼上，摊成方形，将煎饼四边向内折，包成方形。

（4）烙制　向鏊子里抹上花生油（20g），将已填好馅的煎饼包口朝下，用小火烙约 1min，刷上油，翻过来再烙 1min，烙至发黄时，再对折成长方形，翻两次，烙至深黄色即成。

二十、玉米面夹心饼

1. 原料配方

玉米面 1000g、面粉 500g、五香粉 6g、葱末 40g、姜末 40g、五香粉 6g、精盐适量。

2. 操作要点

（1）和面　将玉米面放入盆内，加入五香粉、精盐拌匀，倒入沸水，边倒边搅拌成面团，晾凉后，加入葱末、姜末拌匀。

（2）醒发　将面粉加温水和成皮面，稍醒。

（3）整形　将皮面揉成条状，揪成 5 个剂进行捏团，擀成片，把玉米面团分成 5 份捏圆。用一个面剂子皮包入一份玉米面团，捏紧收口，制成夹心饼生坯。

（4）烙饼　将生坯擀成薄饼，放入平锅内，烙至鼓起，两面呈金黄色即成。

3. 注意事项

玉米面加沸水要多些，使面团软点，这样烙出的夹心饼柔软好吃。烙饼用微火，防止烙煳。

第六章
粥、豆类早餐食品

第一节　传统粥类

一、大米粥

1. 原料配方

大米 1000g，白砂糖 500g，黄油 100g，藏红花、桂皮粉各少许。

2. 操作要点

（1）原料预处理　把大米挑拣干净，用清水淘洗几遍，然后放入锅中，再放入适量清水，准备煮制。

（2）煮制　首先用大火煮制，待煮成稀粥后，放入白砂糖、藏红花少许和桂皮粉，并在温火熬一会，再放入黄油，调好口味即可。上桌时盛入小碗里，冷热食均可。

二、二米粥

1. 原料配方

大米 1000g、小米 500g、水适量。

2. 操作要点

（1）原料预处理　将大米、小米分别淘洗干净，沥水。

（2）煮制　将锅中放入水，上火烧开，下入洗净的大米，待熬至五成熟的时候再放入小米，小火熬熟即可。

三、三米粥

1. 原料配方

稻米 1000g、高粱米 1000g、黄米 1000g、蜂蜜适量。

2. 操作要点

（1）原料预处理　将稻米、黄米、高粱米分别用清水淘洗干净，沥水。

（2）煮制　将锅放置在旺火上，然后加入高粱米和清水，烧沸后再煮几沸，去掉高粱米渣，留汁。稻米放入高粱米汁锅中烧沸，再煮几沸，去掉稻米渣，留汁。黄米放入米汁锅中烧沸后，再煮几沸，去掉黄米渣，然后加入蜂蜜调匀即成。

四、小豆粥

1. 原料配方

大米 200g、黄豆 200g、红小豆 800g、白砂糖 300g。

2. 操作要点

（1）煮豆　将红小豆和黄豆选好洗净，放入锅内，加入清水，用大火烧开，改用中火熬煮。

（2）煮制　将大米洗净，待锅里的豆子煮至六七成熟时，将大米倒入。等待开锅后改用小火熬煮，待豆烂、大米开花时即成。

五、腊八粥

1. 原料配方

大米 100g、小米 100g、江米 100g、黄米 100g、高粱米 100g、大麦米 100g、薏仁米 100g、红小豆 100g、豇豆 100g、芸豆 100g、小枣 100g、栗子 100g、核桃仁 100g、瓜子仁 100g、葡萄干 100g、青梅 100g、白糖 500g、桂花 50g。

2. 操作要点

（1）原料预处理　将高粱米、红小豆、豇豆、芸豆洗净，倒入锅内，加水用中火煮 40min 左右。

（2）大火煮制　将高粱米和豆煮至六成熟时，将大米、小米、江米、黄米、大麦米、薏仁米洗净，倒入锅内。用大火煮开后，转微火煮 25min 左右。

（3）微火煮　大火煮粥到八成熟的时候，再将小枣（洗净）、栗子（去皮）、核桃仁、葡萄干、瓜子仁倒入锅内。用微火继续煮 20min。待粥黏稠时，再将青梅、桂花放入锅内，搅拌均匀，盛入碗内，加入白糖即可食用。

六、八宝粥

1. 原料配方

粳米 1000g、芡实 30g、薏米 30g、白扁豆 30g、莲肉 30g、淮山 30g、红枣 30g、桂圆（龙眼）30g、百合 30g、白糖适量。

2. 操作要点

（1）大火煮　将粳米、白糖以外各料洗净一同放入锅内，加水适量，置大火上煮。

（2）小火煮　在煮制水沸后，改小火煮 40min。再放入淘洗净的粳米，煮至米烂成粥。食用时加入白糖。

七、糯米粥

1. 原料配方

糯米 100～200g、白糖适量、清水 1000g。

2. 操作要点

（1）原料预处理　先把糯米淘洗干净，用清水浸泡 12h。

（2）大火煮　将糯米放入锅内，加水适量。用大火煮沸后转用小火煮制。待米粥稠时加入白糖调匀即可。

八、小米粥

1. 原料配方

小米 100g、白糖（或小咸菜）适量、清水 1000g。

2. 操作要点

（1）淘米 将小米挑去杂质，用水淘洗干净备用。

（2）煮粥 将锅放置于火上，加入水和小米，煮沸后转小火煮，但仍维持沸腾，煮至米软胀烂，粥汤浓稠即可。但在煮制时不要添加水，也不要用勺搅拌，否则米粒下沉在底部，容易出现煳锅现象。

九、玉米粥

1. 原料配方

干玉米粒 200g、清水 1000g。

2. 操作要点

（1）原料预处理 将干玉米粒上碾压成玉米碴子备用。

（2）熬制 在锅内倒入清水，上火烧开，放入玉米碴子搅匀，开锅后转微火熬 30min 左右。熬至粒烂汁稠，盛入碗内即可食用。

十、薏米粥

1. 原料配方

薏米 200g、红糖适量、清水 1000g。

2. 操作要点

（1）原料预处理 将薏米淘洗干净，放入铝锅内，加清水适量置火上。

（2）煮制 用勺不断推转薏米，以免煳锅，待沸后转用微火慢熬，至薏米熟烂成粥。

十一、大麦粥

1. 原料配方

大麦仁 200g、清水 1000g。

2. 操作要点

（1）原料处理 将大麦仁洗净，加冷水 500g 左右，上火煮。

（2）煮制 在水沸后改小火，煮至麦仁软熟、汤汁浓厚即可。

十二、荞麦粥

1. 原料配方

荞麦粉 150g、精盐少许、清水适量。

2. 操作要点

(1) 原料预处理　将荞麦粉放入碗内，用温水调成稀糊。

(2) 煮制　将锅内倒入清水烧开，再放入荞麦粉糊搅匀，煮沸后改用小火煮。再以精盐调味即成。

十三、黑芝麻粥

1. 原料配方

粳米 1000g、黑芝麻 300g、白糖适量。

2. 操作要点

(1) 原料预处理　将黑芝麻淘洗干净后晒干，入锅炒熟，研成细末。

(2) 煮制　将粳米淘洗干净，放入锅中，加适量清水，用微火煮至米烂后，再加入黑芝麻。待粥微滚，加入白糖，即可食用。

第二节　营养粥类

一、鸡粥

1. 原料配方

活嫩鸡 1 只（约 1500g），大米 250g，熟猪油 50g，熟酱油 100g，精盐、芝麻油、葱花、姜末各少许。

2. 操作要点

(1) 活嫩鸡处理　将活嫩鸡宰杀，去净毛及内脏，洗净，入锅加水 3kg 烧开，以小火煮至鸡断生取出（一般嫩鸡煮 35min 左右），放入冷开水中冷却，捞出沥干水，煮好的鸡全身要抹一层芝麻油，以便于保持鸡的金黄色。

（2）煮制　大米淘洗干净，倒入热鸡汤中，加熟猪油用旺火烧沸，改用小火焖 1h，待米粒开花、米粥煮至浓稠最佳的时候再放入精盐，即成鸡粥。鸡粥盛入碗内，撒上葱花、姜末，并加 1/2 汤匙熟酱油。食用时，将鸡切成小条块装盘，随带熟酱油一小碟即可。

二、花生粥

1. 原料配方

粳米 1000g、花生米 450g、山药 300g、冰糖适量。

2. 操作要点

（1）原料预处理　将花生米、山药共同捣碎，备用。

（2）煮制　将粳米淘洗干净，放入砂锅内，加入适量水，放入花生米、山药，用文火煮至粥熟时加入适量冰糖，调匀即成。

三、核桃仁粥

1. 原料配方

核桃仁 60g、粳米 200g、红糖少许、清水 1000g。

2. 操作要点

（1）原料处理　将核桃仁用温水浸泡，搓去外皮，加清水磨成浆。粳米淘洗干净。

（2）煮制　在锅内放入清水、粳米、核桃仁浆，先用大火煮沸，再改用小火煮约 20min，加入红糖调味即成。

四、藕粉粥

1. 原料配方

藕粉 100g、粳米粉 50g、白糖 100g、清水 1000g。

2. 操作要点

（1）原料处理　将藕粉、粳米粉分别放入碗内，用温水调成糊状。

（2）煮制　在砂锅内倒入清水，加入粳米粉，旺火加热，并不断用筷子搅动，待烧沸后，再冲入藕粉，候再沸，加入白糖调味即成。

五、鸡蛋阿胶粥

1. 原料配方

鸡蛋 100g、阿胶 30g、糯米 100g、精盐少许，熟猪油少量、清水适量。

2. 操作要点

（1）原料预处理　将鸡蛋打入碗内，搅散。阿胶洗净。糯米淘洗干净，用清水浸泡 2～3h。

（2）煮制　在锅内倒入清水，烧沸后加入糯米，待再沸，改用小火熬煮至粥成，放入阿胶，淋入鸡蛋，候两三沸，再加入熟猪油、精盐，搅匀即成。

六、肉丝粥

1. 原料配方

猪里脊肉 100g，粳米 100g，姜末、精盐、味精、料酒、植物油各少许，清水适量。

2. 操作要点

（1）原料预处理　将猪里脊肉冲洗干净，先切成薄片，再改刀切成细丝。粳米淘洗干净。

（2）煮制　在砂锅上加热，倒入植物油烧热，下肉丝炒散，再加入姜末、精盐、料酒，煸炒后起锅装碗。取锅放入清水，煮沸后加入粳米，熬煮至粥成，再加入炒肉丝，用精盐、味精调好味，稍沸即可。

七、赤小豆粥

1. 原料配方

粳米 200g、赤小豆 200g、白糖 200g、清水适量。

2. 操作要点

（1）原料预处理　将赤小豆洗净，用清水浸泡过夜。粳米洗净。

（2）煮制　在锅中放入清水和赤小豆，先用旺火煮沸后，再改用小火煮至成熟时，加入粳米，续煮至粥成。以白糖调味后进食。

八、绿豆米粥

1. 原料配方

大米1000g、绿豆250g、江米250g。

2. 操作要点

（1）原料预处理　将绿豆洗净，放入锅里，加水，用大火煮。

（2）煮制　将绿豆煮至七成熟后，再加入水。待锅开后，将淘洗干净的大米和江米一起下锅，煮熟。

九、山楂红糖粥

1. 原料配方

山楂100g、红糖50g、粳米100g、清水适量。

2. 操作要点

（1）原料预处理　将山楂冲洗干净，去核打碎。如无鲜品山楂，也可用干品山楂片。粳米淘洗干净。

（2）煮制　将锅内放入清水、山楂、粳米，先用大火煮沸，再改用小火熬煮至粥成，加入红糖调味后即可食用。

十、龙眼红枣粥

1. 原料配方

龙眼肉100g、红枣50g、糯米100g、生姜30g、白糖100g、清水适量。

2. 操作要点

（1）原料与处理　将龙眼肉去壳去核，冲洗干净，切成小块。如无鲜品龙眼肉，也可用干品。红枣冲洗干净，剔去枣核。糯米淘洗干净。

（2）煮制　在锅内倒入清水、龙眼肉、红枣、生姜、糯米，先用大火煮沸，再改用小火熬煮至粥成，加入白糖调味后食用。

十一、鸭蛋瘦肉粥

1. 原料配方

咸鸭蛋 100g，皮蛋 100g，猪瘦肉 100g，粳米 200g，精盐、葱花、麻油、味精各少许，清水适量。

2. 操作要点

（1）原料预处理　将咸鸭蛋煮熟，去壳切丁。皮蛋去壳，漂洗干净，切或丁块。猪瘦肉冲洗干净，切成细丁。粳米淘洗干净。

（2）煮制　在锅内倒入清水，烧沸后加入粳米，熬煮至粥将成时，再加入猪肉丁、咸鸭蛋丁、皮蛋丁，用精盐、味精调好味，候两三滚，撒上葱花即成。

十二、黑米营养粥

1. 原料配方

黑粳米 100g、白糖 30g、黑芝麻 16g、核桃仁 8g、花生仁 4g、瓜子仁 4g。

2. 操作要点

（1）选料　选择无虫、无霉变、新鲜、清洁的黑粳米及各种辅料，白糖不能结块。

（2）精选除杂　在光照良好的环境下精心除去沙石等杂质。

（3）粉碎过筛　将精选过的粳米、白糖放入粉碎机料斗粉碎，出料经 80 目筛网筛选，筛上物再投入料斗粉碎。

（4）挤压膨化　将处理过的原料进入膨化机，在 150℃ 以上温度瞬间膨化，并切成 1cm 长圆柱。

（5）粉碎　将膨化切条后的原料送入粉碎机中进行粉碎。

（6）制辅料　辅料放进烘箱，升温至 150℃，烘烤约 30min，至烘熟产生香味为止，取出粉碎备用。烘烤黑芝麻、核桃仁、花生仁要掌握好火候，否则影响产品的滋味。烘干温度一般以 $100 \sim 120℃$ 为宜，不可有焦煳现象。花生烤熟后要去掉红衣，核桃烘烤前要在沸水中焯一下，去掉涩味。

（7）混合 将已膨化和粉碎处理过的主料与配料按比例投入搅拌机搅拌混合均匀。

（8）计量包装 过筛后的成品要及时包装，不能堆放过夜，包装间有紫外灯，包装前开灯杀菌 40min，关灯后 15min 让空气中臭氧消散后，操作人员才可以再进入包装间，以免影响健康。采用自动计量包装机用塑料薄膜袋热合封口包装，每小袋装 45g，每 10 小袋组成 1 大袋，外用纸盒包装，并外加玻璃纸封包，注明出厂日期。

十三、玉米八宝粥

1. 原料配方

玉米粒 100g、木耳 11g、芸豆 14g、黑豆 14g、花生 14g、南瓜块 28g、红枣 3 枚、桂圆 3 枚、水 2400g。

2. 操作要点

（1）原料挑选及处理 红枣应选色泽鲜艳、肉质厚、无霉变、无虫蛀的一等干制品，洗净后去核、切块备用。玉米粒、黑豆、芸豆、花生、南瓜均选当年新产的，要求无污染、无霉变、无虫蛀、无杂质。黑豆、芸豆、花生浸泡 12h 后洗净；南瓜掏瓤洗净并切成 1cm×1cm 的小方块；玉米粒洗净备用，木耳选用优质东北干制品，要求无杂质、无霉变，用清水浸泡，充分吸水膨胀后洗净切块。桂圆如用鲜果，应选果大肉厚的；如用干制品，应选无霉点、无虫蛀、色泽正常的桂圆干，去壳去核后切块备用。

（2）煮料、灌装、灭菌 为使粥中的各种原料均达到熟而不烂、外观整齐的最佳状态，要采用分步煮料的方法；同时各工序均需搅拌，以免出现煳底。将处理好的玉米粒、黑豆、芸豆、花生混合，加水 3.5kg，煮沸 30min；再将南瓜块、红枣块加入继续煮沸 20min；最后将湿木耳块、桂圆肉加入再煮沸 5min 即可。装罐后在121℃蒸汽中杀菌30s，易拉罐包装保存期1年。

第三节　豆腐类

一、豆腐脑

1. 工艺流程

筛选→泡豆→磨浆→过滤除渣→煮浆→点脑

2. 操作要点

（1）筛选　选择颗粒整齐、无虫食、无霉变的新大豆，大豆筛选一般多用水选法。筛除瘪豆、霉豆和其他草木杂屑之物，破碎去皮。

（2）泡豆　泡豆是为了便于磨浆作准备，这是为了使大豆蛋白质能够从大豆中释放出来而成为豆浆，泡豆对磨浆影响很大，不同的大豆品种、大豆的新鲜程度、泡豆的水质、水温和水量、不同地区不同季节气候等，对泡豆的要求也会有所不同。

（3）磨浆　磨浆可以用石磨、钢磨或砂轮磨。将泡好的大豆边添料边对水磨成豆浆糊，手捻浆糊呈片状即可，要求是：浆糊不发砂，不粗糙，愈细腻愈好。使用钢磨或砂轮磨时要注意，磨缝过小，摩擦生热，会使蛋白质变性，也不利于蛋白质在水中的溶解。一般1kg泡豆加水1倍量，10kg大豆，可制出45～47.5kg豆糊。

（4）过滤除渣　磨后用豆包布滤浆，过滤前先加入70℃的热水。手摇过滤要分3次进行，每次都要加入热水，10kg大豆糊先加热水5kg，后2次各加5kg。

（5）煮浆　在锅底部放点植物油，以防锅底结焦。把浆煮到90℃左右。豆浆煮沸冒沫时，再淋一点植物油，消泡避免溢锅，煮浆的目的是去掉豆腥味、苦味，使蛋白质容易被人体消化吸收，并为点脑凝固创造条件。

（6）点脑　点脑一般用盐卤或石膏。与点豆腐不同的是，用盐卤点脑时，一手用勺翻动豆浆，一手倒入卤水，直到豆浆全部形成凝胶状时，静置保温 20～25min 即成；若用石膏点脑，每 5kg 豆浆用熟石膏 150～175g。操作时，先将 1/5 至 1/6 的豆浆倒入石膏加少量水溶化成的石膏液中，然后将溶有石膏液的豆浆倒进其余豆浆中，静置保温 20～25min 即成。

二、羊肉豆腐脑

1. 原料配方

黄豆瓣 500g，瘦嫩羊肉 150g，口蘑 20g，酱油 500g，蒜 50g，辣椒油 10g，香油 10g，熟石膏粉 4g，干淀粉 300g，精盐 10g，味精、花椒各少许。

2. 操作要点

（1）泡豆、磨浆　将黄豆瓣用凉水泡涨，保持颜色不变为宜。泡好后洗净，加入凉水 750g 磨成稀糊状，越细越好，然后加入凉水 750g 搅匀，用白布细罗过滤。将滤渣倒掉。

（2）除沫　用勺撇掉浆汁上面的泡沫，把浆汁倒入锅中用大火烧沸，随即舀出三分之一的浆汁放在盆里，把其余的浆汁舀在保温桶里，再撇去浮沫。

（3）点脑　将熟石膏加温水 30g 调匀，倒入豆浆汁内，使浆汁充分融合静置 5min，将浮在上面的泡沫撇净，凝结下面的就是豆腐脑。

（4）原料处理　将羊肉横着肉纹切成 2cm 长、2cm 宽、0.5cm 厚的片；口蘑用水泡 5h 后取出，拌入精盐少许，择净杂物，用水洗净，去掉根蒂，切成长 1cm、0.6cm 宽的块；将泡好的口蘑水与洗口蘑的水合一起，用大火烧沸，沉淀后滤去杂物；蒜去皮洗净，加盐少许砸成蒜泥；干淀粉加清水 100g 调成芡汁。

（5）制卤　锅内加入凉水 1500g，在大火上烧沸，放入羊肉片，用勺搅动几下，待水快沸时，倒入酱油、口蘑水、盐和味精，开后倒入芡汁，要慢倒多搅，沸后即成卤。

将口蘑块撒在上面，同时用烧热的香油将花椒炸焦，把花椒油趁热浇在口蘑块上，与卤拌在一起即成。

三、三鲜豆腐脑

1. 原料配方

黄豆 150g，净鸡肉、鲜虾仁、水发鱿鱼各 25g，熟石膏粉 2g，猪油 500g（实耗 10g），味精 1.5g，盐 3g，酱油 15g，鸡蛋清 1个，湿粉芡 50g，面粉少许。

2. 操作要点

（1）磨浆、过滤　将黄豆拣净杂质，淘洗干净，浸泡 4～5h 以后，用水磨磨成稠浆（边磨边注入清水，注水多浆粗，出脑少），倒入兜布内，边过滤边对入水（约 1500g），把浆汁滤净为止。

（2）煮浆、点脑　熟石膏粉用温水 100g 化开，浆汁倒入锅内，用大火烧开后盛入缸里，趁热把石膏水徐徐注入缸内（边倒边搅），然后将缸口盖严，20min 即成豆腐脑。

（3）原料处理　鸡肉切成虾仁大小的丁，放在蛋清、湿粉芡糊内拌匀，在五至六成熟的猪油锅内，滑开捞出待用；虾仁放蛋清、湿粉芡内，加盐、面粉少许，搅上劲后，放入猪油少许搅匀，用手甩入 8 成开的清水锅内，煮透捞出（虾仁互不粘连）；水发鱿切成虾仁大小的丁备用。

（4）制卤　锅内添高汤约 500g，放入盐、味精、酱油后，再放入鸡丁、虾仁、鱿鱼丁，煮沸后勾入流水勾芡即成三鲜卤。

食用时，将豆腐脑盛入碗内（占七成），三鲜卤（占三成），淋入澥开的芝麻酱即成。

四、高豆花

1. 原料配方

黄豆 500g、干红辣椒 25g、芝麻酱 6g、小磨香油 10g、精盐20g、葱花 6g、熟石膏 5g、酱油 50g、豆母子 12g、味精 3g、花椒面 3g、菜油少许。

2. 操作要点

（1）磨浆、煮浆　将黄豆用冷水淘洗 2～3 次后，用冷水浸入

（夏季泡 4h，冬季泡 6～7h，水量应高于黄豆 30cm 以上），浸泡中须换水 4 次。用磨磨成细浆，滤出浆汁入锅，用大火煮（留冷浆一大瓢备用），待其煮开时倾下冷浆，并转入另一冷水锅里，去掉浮泡。随即把调好的石膏水横竖淋遍，待浆与水逐渐分层至水色澄清即为豆花。

（2）滗水、复煮　用大笊篱在豆花上面轻轻压榨，使其表面光滑韧性增强，再滗去窨水，用竹刀划成若干方块，复倒窨水少许入锅，微火缓煮 15～20min 即成。

（3）制调料　用菜油抹锅，下干红辣椒小火炝熟，舂细后加酱油调匀，另将混合舂细的豆母子、精盐加入，捣匀呈糊状。

将糊状辣椒、香油、麻酱、葱花、酱油、味精同盛入碟内，调拌均匀，成调料供蘸豆花食用。另用碟盛上花椒面、精盐临时取用。

五、老豆腐

1. 原料配方

黄豆豉 500g、芝麻酱 100g、腌韭菜花 5g、酱豆腐 1 块、酱油 150g、辣椒油 25g、蒜 50g、精盐 10g、熟石膏粉 25g。

2. 操作要点

（1）制浆、点脑　将黄豆豉制成浆汁（500g 黄豆豉以出浆汁约 3000g 为宜），再用熟石膏汁将豆汁点成老豆腐。

（2）制调料　芝麻酱内加入精盐，并陆续加入凉开水 150g 调匀；蒜去、皮洗净，加少许精盐，将其砸成蒜泥，再加入少许凉开水调成蒜汁；将酱豆腐用凉开水调稀。

食用时，将老豆腐盛在碗内，浇上芝麻酱、酱豆腐汁、酱油、辣椒油、蒜汁，再放上腌韭菜花。

六、菜卤豆腐

1. 原料配方

豆腐（老豆腐）2 块、雪菜卤 100g、精盐 1.5g、味精少许。

2. 操作要点

（1）老豆腐处理　将老豆腐切成约 3cm 见方的块，在炒锅，内垫上小竹算，放入水煮沸，加盐，再放入老豆腐，将锅移至小火上，待老豆腐煮至出现蜂窝时，捞出，沥干水。

（2）制菜卤、煮制　将雪菜卤用纱布滤净、煮沸，撇去浮沫，加入煮过的老豆腐，再煮约 30min（为避免煮干雪菜卤，可加适量水），加味精即成。

参 考 文 献

[1] 陈明. 营养早餐的设计与销售. 轻工科技, 2013. (7): 5-6.

[2] 梁洁玉, 朱丹实, 冯叙桥等. 早餐的食用现状及早餐食品的发展趋势. 中国食物与营养, 2014, 20 (2): 59-64.

[3] 高海燕, 马汉军, 邹建等. 零起点学办面制品加工厂. 北京: 化学工业出版社, 2015.

[4] 路启玉. 面制方便食品. 北京: 化学工业出版社, 2007.

[5] 刘长虹. 蒸制面食品生产技术. 北京: 化学工业出版社, 2005.

[6] 于新, 赵美美. 中式包点食品加工技术. 北京: 化学工业出版社, 2011.

[7] 张国治. 油炸食品生产技术. 北京: 化学工业出版社, 2010.

[8] 曾洁, 邹建. 谷物小食品生产. 北京: 化学工业出版社, 2012.

[9] 曾洁, 杨继国. 谷物杂粮食品加工. 北京: 化学工业出版社, 2011.

[10] 李常友. 中国面点集锦. 西安: 陕西科学技术出版社, 2005.

[11] 岳晓禹, 张丽香. 家常面点主食加工技术. 北京: 化学工业出版社, 2013.

[12] 马涛. 煎炸食品生产工艺与配方. 北京: 化学工业出版社, 2011.

[13] 陈迤. 面点制作技术. 北京: 中国轻工业出版社, 2008.

[14] 曾洁, 胡新中. 粮油加工实验技术. 第2版. 北京: 中国农业大学出版社, 2014.

[15] 刘树栋等. 粥类制品1080例 (食品配方与制作丛书). 北京: 科学技术文献出版社, 2006.

[16] 路新国, 姚颖, 丁文斌编著. 营养粥谱. 上海: 上海科学技术出版社, 2004.

[17] 瑞雅编著. 家常好粥道: 五谷杂粮养生经. 北京: 中国人口出版社, 2004.

[18] 高海波, 于雅婷主编. 养生米糊豆浆杂粮粥速查全书. 南京: 江苏科学技术出版社, 2004.